轻松学
Scratch 3.0
少儿编程

柯吉中 编著

电子工业出版社
Publishing House of Electronics Industry
北京·BEIJING

未经许可，不得以任何方式复制或抄袭本书之部分或全部内容。
版权所有，侵权必究。

图书在版编目（CIP）数据

轻松学Scratch 3.0 少儿编程 / 柯吉中编著. -- 北京：电子工业出版社，2020.5
ISBN 978-7-121-38823-1

Ⅰ. ①轻… Ⅱ. ①柯… Ⅲ. ①程序设计－少儿读物Ⅳ. ①TP311.1-49

中国版本图书馆CIP数据核字(2020)第047186号

责任编辑：赵英华
印　　刷：北京天宇星印刷厂
装　　订：北京天宇星印刷厂
出版发行：电子工业出版社
　　　　　北京市海淀区万寿路173信箱　邮编：100036
开　　本：880×1230　1/16　印张：9.75　字数：252.80 千字
版　　次：2020年5月第1版
印　　次：2020年5月第1次印刷
定　　价：69.90 元

凡所购买电子工业出版社图书有缺损问题，请向购买书店调换。若书店售缺，请与本社发行部联系，联系及邮购电话：
（010）88254888，88258888。
质量投诉请发邮件至 zlts@phei.com.cn，盗版侵权举报请发邮件至 dbqq@phei.com.cn。
本书咨询联系方式：（010）88254161~88254167转1897。

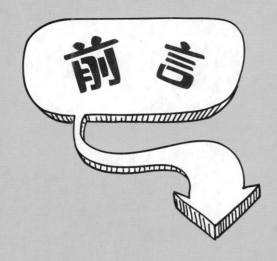

前言

Scratch 是一款由麻省理工学院（MIT）设计开发的面向青少年的简易编程工具，能创作故事、动画、游戏等。青少年可以不会英语，也可以不会使用键盘，直接用鼠标拖动构成程序的命令和参数的积木模块来实现相应的效果。

数学是一门研究客观物质世界的数量关系和空间形式的学科，具有概念的抽象性、逻辑的严密性和应用的广泛性。利用 Scratch 学习数学可以化抽象为直观，使复杂的问题简单化、抽象的问题具体化。Scratch 面向 8 岁及以上学生群体，具有易上手好操作的特点，为数学学习中的游戏化学习模式提供了支撑，更具趣味性、思考性。

本书结合数学和 Scratch 编程知识进行讲解，使枯燥的数学知识学习变得更有趣。利用 Scratch 结合小学数学应用，调动孩子认识与实践的主观能动性，让孩子真正成为学习的主人。

书中分为五个部分，从易到难，一步一步带领读者进入编程和数学的世界。第一部分主要介绍 Scratch 软件，让读者了解 Scratch 软件以便进行后面的学习。第二部分和第三部分，主要结合简单的数学知识点进行编程。一边熟悉 Scratch 的操作，一边用编程去解决数学问题，使数学知识能得到更好的理解和呈现。最后两部分，更为深入地讲解如何用编程的方式将数学问题呈现出来。

一起进入 Scratch 的世界吧!

读 者 服 务

读者在阅读本书的过程中如果遇到问题，可以关注"有艺"公众号，通过公众号与我们取得联系。此外，通过关注"有艺"公众号，您还可以获取更多的新书资讯、书单推荐、优惠活动等相关信息。

资源下载方法：关注"有艺"公众号，在"有艺学堂"的"资源下载"中获取下载链接，如果遇到无法下载的情况，可以通过以下三种方式与我们取得联系。

1. 关注"有艺"公众号，通过"读者反馈"功能提交相关信息；
2. 请发邮件至 art@phei.com.cn，邮件标题命名方式：资源下载+书名；
3. 读者服务热线：（010）88254161~88254167 转 1897。

投稿、团购合作：请发邮件至 art@phei.com.cn。

扫一扫关注"有艺"

目录

PART 01　初识 Scratch
- 01　开启 Scratch 的编程之旅　002

PART 02　数字的奥秘
- 01　数字炸弹　004
- 02　比大小出题器　008
- 03　两位数减法　012
- 04　连减心算　017
- 05　乘法巴士　021
- 06　连加速递　025
- 07　加法竞速　029
- 08　综合算术　033

PART 03　图形微解析
- 01　平行四边形变长方形　040
- 02　求长方形的面积　044
- 03　求长方形的周长　048
- 04　三角形的判断　052
- 05　求三角形的面积　057
- 06　求等边三角形的周长　061
- 07　正方形的平移　065
- 08　方位捕鱼　069

PART 04　玩转神奇数字
- 01　判断奇偶数　078
- 02　求余收音机　081
- 03　倍数抽奖机　085
- 04　闪电记忆求平均数　090
- 05　数字猜谜　094
- 06　质数食物车　098
- 07　两车相遇　102
- 08　生肖计算器　107

PART 05　有趣的数学
- 01　挑战公里数　112
- 02　角度解说机　118
- 03　判断概率事件　122
- 04　水果起重机　127
- 05　线段摩托车　132
- 06　同分母加法出题器　136
- 07　数字电子时钟　141
- 08　智能车流量统计　146

 开启 Scratch 的编程之旅

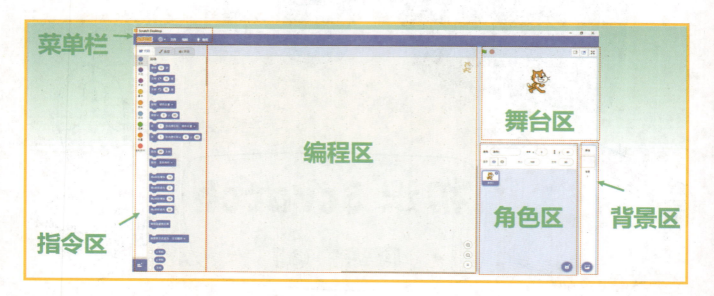

✓ 概念解释

脚本：用于实现角色动作的指令，相当于"剧本"。

舞台：搭载角色与背景的场景区，相当于演员演出的场景。

角色：剧本中设计的角色。

背景：剧本中的背景素材。

造型：角色的不同状态，通俗地说是不同的姿势。

✓ Scratch3.0 = 脚本 + 角色 + 背景 + 舞台

解释：使用 Scratch3.0 创作的过程就是一部舞台剧从零到一的过程。需要设计与编写剧本 > 选定角色 > 搭建场景，最后角色按照剧本进行演出。所以每制作一个项目，相当于经历从编剧到导演到后期整个流程。

数字炸弹

☑ 造型编号的作用是什么？

☑ 如何使用运算模块里的指令与运算做多重条件判断？

序号	指令图示	说明
1	在 1 和 9 之间取随机数	随机数字
2	按下 空格 键?	侦测是否按下空格键
3	换成 造型1 造型	切换特定的造型
4	◯ = 50	符号两边的数值相等
5	显示　隐藏	角色显示与隐藏

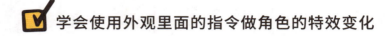

☑ 学会使用外观里面的指令做角色的特效变化

☑ 学会使用运算模块里面的指令做多重判断

制作《数字炸弹》项目

☑ **任务说明**

实现带有数字的气球随机出现，由用户操作键盘按下相应数字键进行爆破

☑ **任务分析**

序号	角色/背景	效果说明
1	Balloon1	1. 带有数字的气球随机出现 2. 当按下与气球上面数字一样的按键时，气球爆炸，等待2秒，重新显示其他数字的气球
2	背景	循环播放音乐

☑ **场景搭建**

背景：背景库 >Metro> 双击添加

角色：角色库 >Balloon1> 双击添加

素材名	素材图片
Balloon1	
Metro（背景）	

☑ 完整场景

☑ 编写程序

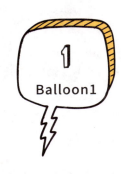

☑ 课后练习

让气球从下往上运动，在气球显示在舞台上的时间内爆破气球。

02 比大小出题器

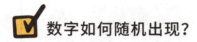 数字如何随机出现？

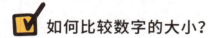 如何比较数字的大小？

带着问题学

序号	指令图示	说明
1	在 1 和 9 之间取随机数	随机数字
2	换成 造型1 造型	换成特定的角色造型
3	等待 1 秒	使程序等待一定时间再运行
4	播放声音 Dubstep	播放音乐

☑ 学会使用随机数指令完成角色造型切换

☑ 学会判断数字的大小

制作 《比大小出题器》 项目

☑ **任务说明**

实现一个 10 以内数字比大小训练使用的电子出题器

☑ **任务分析**

序号	角色/背景	效果说明
1	Glow-0	1. 随机出现 1~10 之间不同的数字 2. 等待 5 秒，重复执行
2	Glow-2	1. 随机出现 1~10 之间不同的数字 2. 等待 5 秒，重复执行
3	判断符号	1. 随机出现大于等于以及小于的判断符号 2. 等待 5 秒，重复执行

☑ 场景搭建

背景：背景库 >Stars> 双击添加

角色：角色库 >Glow-0、Glow-2> 双击添加

绘画角色：判断符号

☑ 完整场景

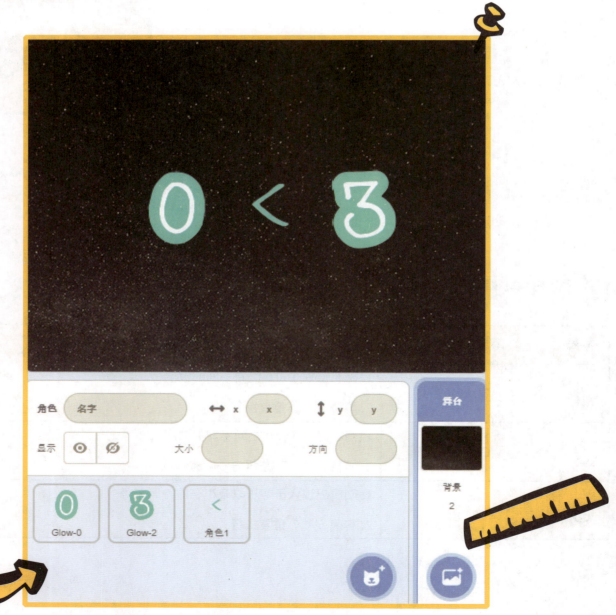

☑ 编写程序

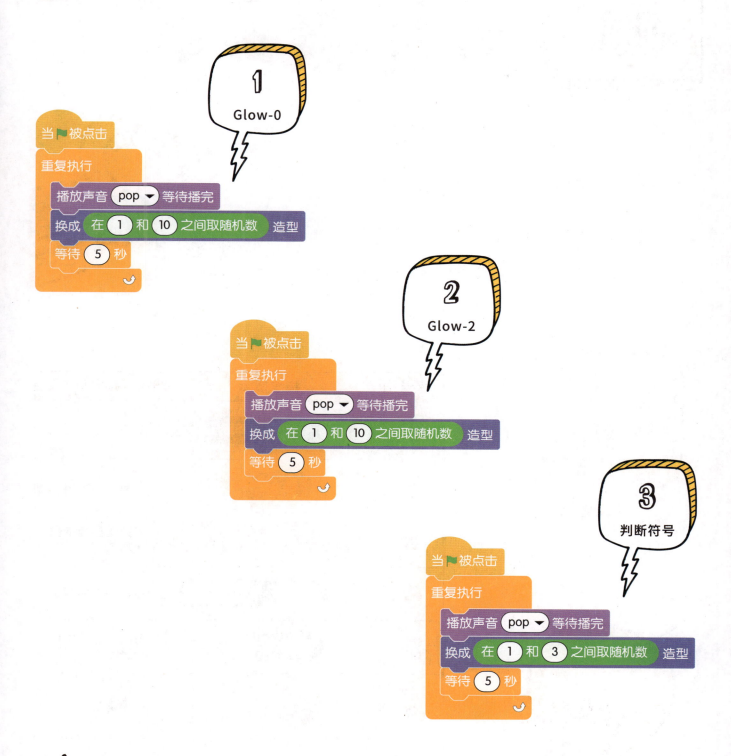

☑ 课后练习

将数字换成水果，随机出现不同的水果，让学生比较喜欢哪种水果。

两位数减法

- 如何随机出现两位数相减的题目?
- 如何判断回答是否准确?

带着问题学

序号	指令图示	说明
1	在 1 和 9 之间取随机数	随机数字
2	我的变量	变量存储数值
3	将 我的变量 增加 1	将变量里面的数值增加1
4	连接 apple 和 banana	连接两个内容
5	◯ - ◯	符合两边的数值相减
6	广播 消息1	广播消息
7	当接收到 消息1	接收消息

- ☑ 学会使用变量存储数值
- ☑ 学会使用运算模块里面的指令做判断

制作

《两位数减法》项目

☑ **任务说明**

实现两位数减法出题效果，根据用户的输入判定结果对错后控制相应的乐器发声

☑ **任务分析**

序号	角色/背景	效果说明
1	Drum	1. 当接收到鼓声响起播放音乐 2. 变换造型
2	Drum-highhat	1. 当接收到镲声响起播放音乐 2. 变换造型
3	背景	1. 舞台上随机出现减法题目 2. 判断用户输入的回答是否正确 3. 如果正确广播鼓声响起，否则广播镲声响起

✅ 场景搭建

背景：背景库 >Concert> 双击添加

角色：角色库 >Drum、Drum-highhat> 双击添加

素材名	素材图片
Drum	
Drum-highhat	
Concert（背景）	

☑ 完整场景

☑ 编写程序

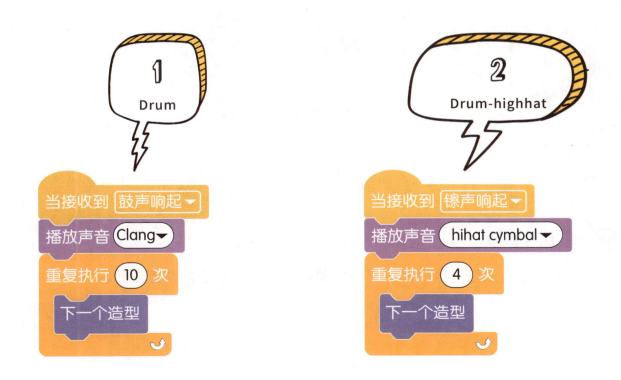

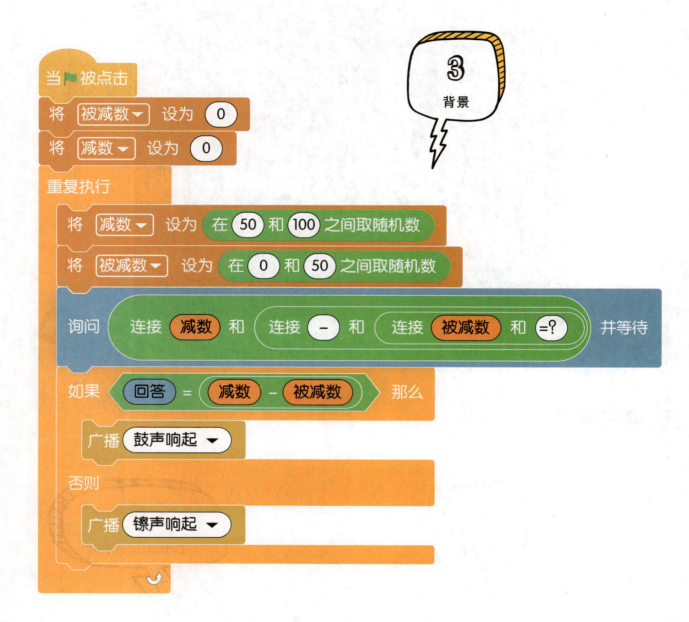

📝 课后练习

把随机出减法题更改成随机出加法题,并判断用户回答是否正确。

 连减心算

- 如何让数字重复随机出现在舞台上？
- 怎么计算出累减之后的数值？

序号	指令图示	说明
1	Glow-0 的 造型编号	角色的造型编号
2	我的变量	变量存储数值
3	将 我的变量 增加 0	给变量赋值
4	在 1 和 9 之间取随机数	随机数指令
5	◯ - ◯	符合两边的数值相减
6	广播 消息1	广播消息
7	当接收到 消息1	接收消息

- ☑ 学会使用变量进行重新赋值
- ☑ 学会使用广播机制

制作《连减心算》项目

☑ 任务说明

制作一个10以内数字闪现效果，用于以100为基数做连减心算训练

☑ 任务分析

序号	角色/背景	效果说明
1	Glow-0	1. 数字随机出现 2. 询问连减之后的数值 3. 判断回答是否正确。如果回答正确就说"恭喜你，答对了！"；否则就说"真可惜，答错咯~"
2	背景	1. 设置总分100分，计算连减之后的数值 2. 播放音乐

☑ 场景搭建

背景：背景库 >Concert> 双击添加

角色：角色库 >Drum、Drum-highhat> 双击添加

素材名	素材图片
Glow-0	
Neon Tunnel（背景）	

☑ 完整场景

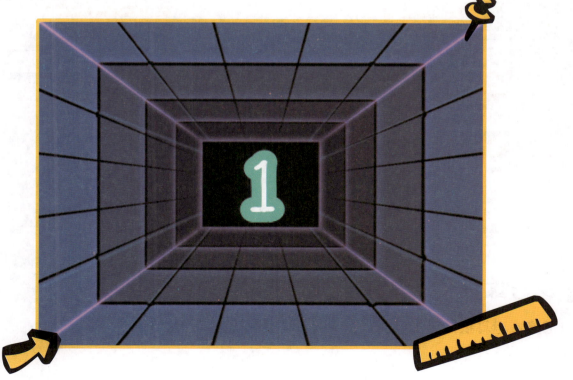

☑ 编写程序

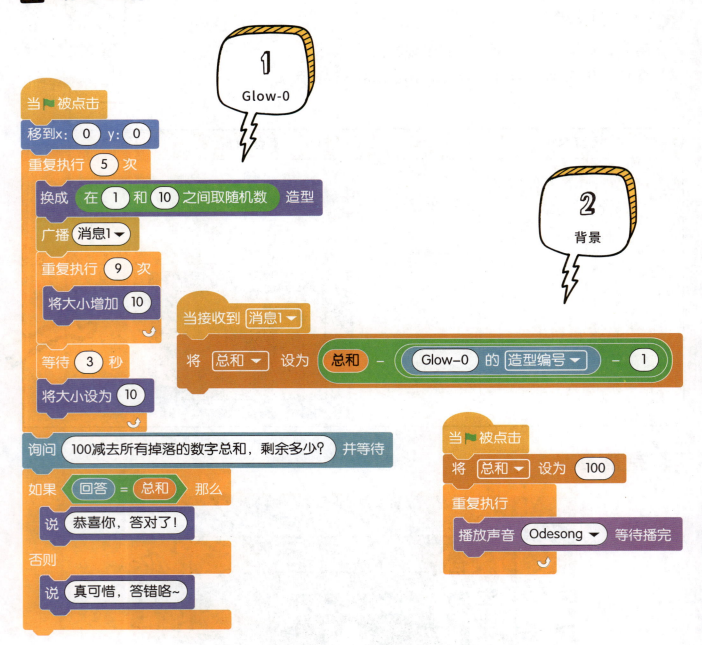

☑ 课后练习

把连减运算换成连加运算,并判断用户回答是否正确。

05 乘法巴士

☑ 如何使用变量存储不同的数字？

☑ 如何使用运算模块里的指令求乘积？

带着问题学

序号	指令图示	说明
1	在 1 和 9 之间取随机数	随机数字
2	我的变量	变量存储数值
3	将 我的变量 增加 0	将变量里面的数值增加 1
4	连接 apple 和 banana	连接两个内容
5	○ * ○	符号两边的数值相乘

- 学会使用随机数控制两个因数的取值范围
- 学会使用广播机制去实现想要的舞台效果

制作

《乘法巴士》项目

✓ 任务说明

实现两数相乘求积出题器的项目制作,当用户答对5题即可开启巴士

✓ 任务分析

序号	角色/背景	效果说明
1	City Bus	当接收到消息,汽车开始发动
2	背景	1. 随机出现1~9的因数 2. 随机出现1~9的因数相乘题目 3. 当答对的次数等于5时,广播消息

✅ 场景搭建

背景：背景库 >Night City With Street> 双击添加

角色：角色库 >City Bus> 双击添加

素材名	素材图片
City Bus	
Night City With Street（背景）	

✅ 完整场景

☑ 编写程序

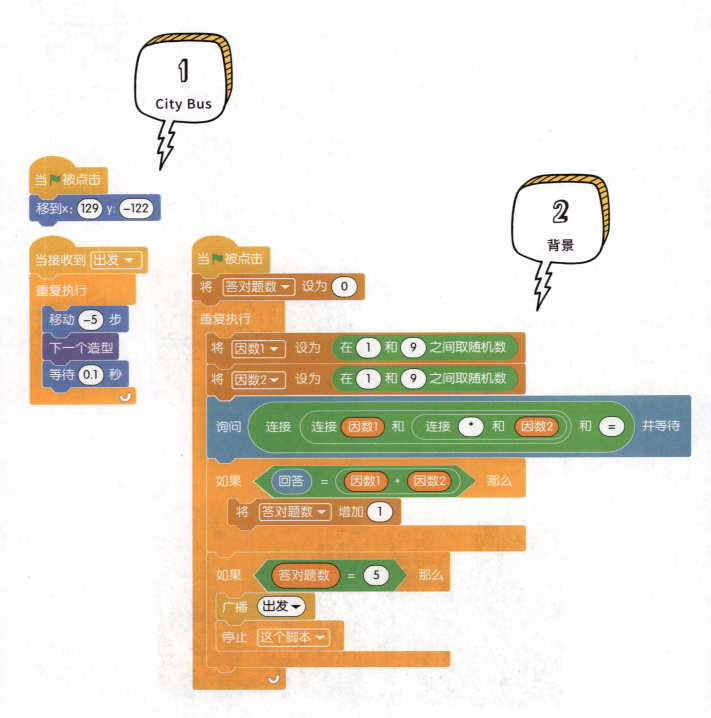

☑ 课后练习

把随机出现的 1~9 数字相乘的乘法运算改成除法运算。

06 连加速递

- 如何重复使数字随机从舞台上方掉落？
- 如何使用变量重赋值计算累加和？

带着问题学

核心指令

序号	指令图示	说明
1	在 1 和 9 之间取随机数	随机数字
2	广播 消息1	广播消息
3	换成 造型1 造型	切换特定的造型
4	◯ = 50	符号两边的数值相等
5	◯ < 50	符号左边的数值小于右边的数值

- ☑ 学会使用随机数使角色从不同地方下落
- ☑ 学会使用变量的赋值运算

制作 《连加速递》项目

☑ 任务说明

实现快速对随机出现的数字进行记忆求和，得到求和结果与正确答案对比进行对错判断

☑ 任务分析

序号	角色/背景	效果说明
1	Glow-0	1. 数字随机出现在舞台上方 2. 随机出现的数字从舞台上方向下运动，在舞台下方消失，重新回到舞台上方显示 3. 提问并对用户的回答进行判断，如果回答正确，就说"恭喜你，答对了！"；如果回答错误，就说"真可惜，答错咯！"
2	背景	1. 循环播放音乐 2. 累加下落的数字

☑ 场景搭建

背景：背景库 >Blue Sky> 双击添加

角色：角色库 >Glow-0> 双击添加

素材名	素材图片
Glow-0	![1]
Blue Sky（背景）	![sky]

☑ 完整场景

☑ 编写程序

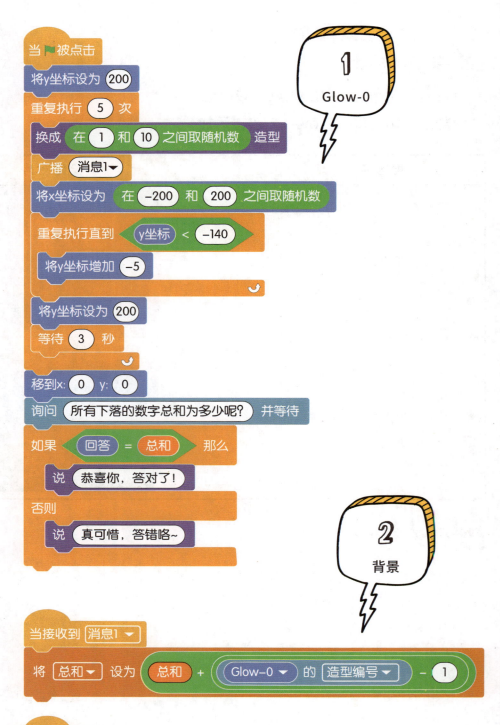

☑ 课后练习

把连加运算换成连乘运算，把随机出现的数字相乘，算出乘积。

07 加法竞速

☑ 百以内加法竞速游戏：在规定的相同时间内选手依次进行答题，答对多者获胜！

带着❓问题学

核心指令

序号	指令图示	说明
1	在 1 和 9 之间取随机数	随机数字
2	广播 算式就位▼	广播消息
3	当接收到 已回答▼	接收广播消息
4	造型 编号▼ - 1	切换下一造型
5	换成 Glow-0▼ 造型	换成某一造型
6	询问 What's your name? 并等待	询问问题并等待
7	如果 ⬡ 那么 否则	控制指令，判断事件是否符合条件

- ✅ 设定 a、b 两个随机参数
- ✅ 掌握侦测指令和运算指令，询问 "a+b=？"
- ✅ 将运算结果与广播联系起来，如果回答等于 a+b，那么广播正确，否则广播错误

制作

《百以内加法竞速》项目

✅ **任务说明**

1. 使用询问指令征集百以内数字加法运算结果
2. 编写程序判断用户输入的结果是否正确

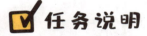

序号	角色/背景	效果说明
1	Gobo	1. 随机出 100 以内的加法运算，并判断回答是否正确 2. 如果回答正确，就广播正确消息；如果回答错误，就广播错误消息
2	Button4	当接收到正确广播，就显示到舞台上
3	Button5	当接收到错误广播，就显示到舞台上

☑ 场景搭建

背景：背景库 >Chalkboard> 双击添加

角色：角色库 >Gobo、Button4、Button5> 双击添加

素材名	素材图片
Gobo	
Button4	
Button5	

☑ 完整场景

✅ 编写程序

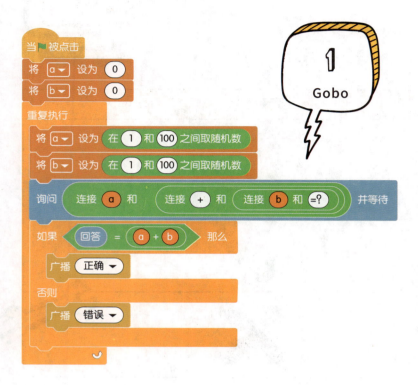

✅ 课后练习

1. 当编写程序后,小明发现无论回答正确与否都没有提示,可能是哪里出了问题?
2. 当小绿旗被点击时,回答错误却显示打钩,这是为什么呢?

08 综合算术

✅ 如果班级成员自由组成答题小分队,如何计算各个小队回答正确的题目数?如何计算哪个小队回答正确的数量最多?

带着问题学

核心指令

序号	指令图示	说明
1	在 1 和 9 之间取随机数	随机数字
2	将 第一个数字 设为 0	设定变量
3	换成 造型1 造型	切换特定的造型
4	◯ = 1	符号两边的数值相等
5	◯ = ◯ + ◯	加法关系式

☑ 学会添加变量指令，并使用变量指令

☑ 学会使用运算模块里面的指令，编写变量之间的关系

制作

《综合算术》项目

☑ **任务说明**

实现乘法与加法的混合运算，并判断用户输入的最终答案是否正确

☑ **任务分析**

序号	角色/背景	效果说明
1	Glow-0	1. 数字随机出现 2. 接收广播消息
2	Glow-2	1. 数字随机出现 2. 接收广播消息
3	Glow-3	1. 数字随机出现 2. 接收广播消息
4	添加加号角色	实现加法运算
5	添加乘号角色	实现乘法运算

☑ 场景搭建

背景：绘制背景

角色：角色库 >Glow-0、Glow-2、Glow-3> 双击添加

素材名	素材图片	素材名	素材图片
Glow-0	0	绘制加号角色	+
Glow-2	4	绘制乘号角色	×
Glow-3	5	绘制背景图	

☑ 完整场景

036

✓ 编写程序

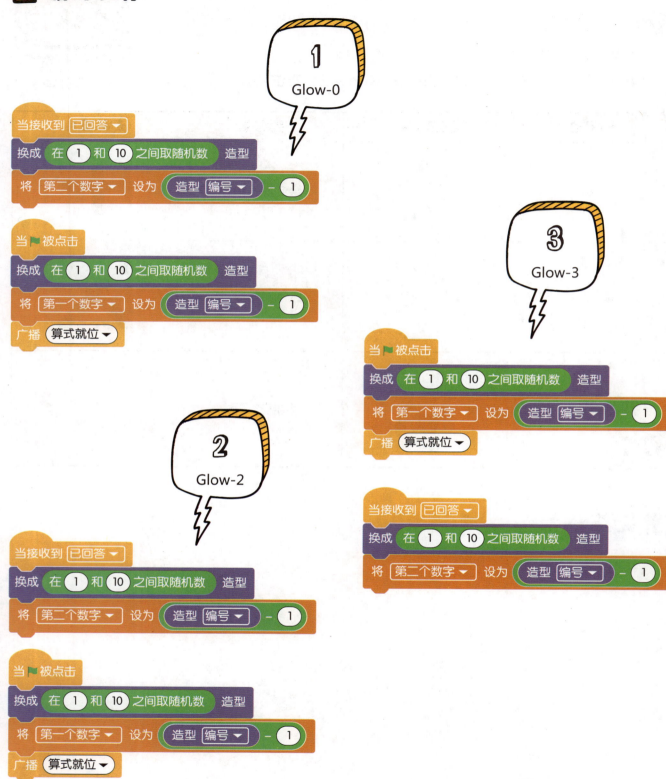

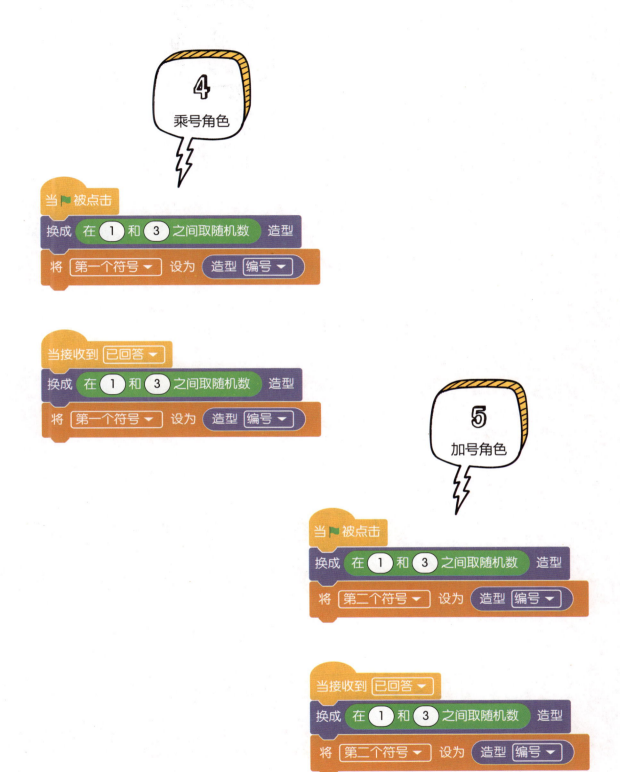

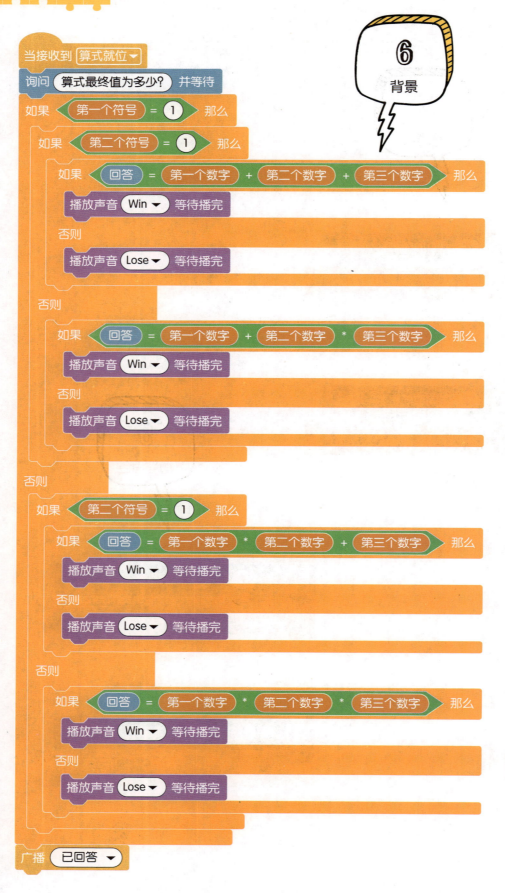

课后练习

第一个符号位是加法，第二个符号位是乘法，该如何编写计算算式？

01 平行四边形变长方形

- ☑ 平行四边形和长方形的关系是什么？
- ☑ 长方形的特性是什么？

带着问题学

核心指令

序号	指令图示	说明
1	全部擦除	擦除画笔痕迹
2	落笔	画笔开始绘画
3	将 我的变量 增加 1	将变量里面的数值增加1
4	x坐标 y坐标	角色实时坐标
5	◯ + ◯	符号两边的数值相加

☑ 图形角度的增加和减少

☑ 转变成长方形的条件

制作

《平行四边形变长方形》项目

☑ **任务说明**

通过角度变化实现平行四边形转化为长方形的演示效果

☑ **任务分析**

序号	角色/背景	效果说明
1	Pencil	1. 绘制平行四边形到长方形的转变过程 2. 当绘制出正方形时，停止全部脚本
2	背景	循环播放音乐

✅ 场景搭建

背景：绘制背景

角色：角色库 >Pencil> 双击添加

素材名	素材图片
Pencil	
背景	

✅ 完整场景

✅ 编写程序

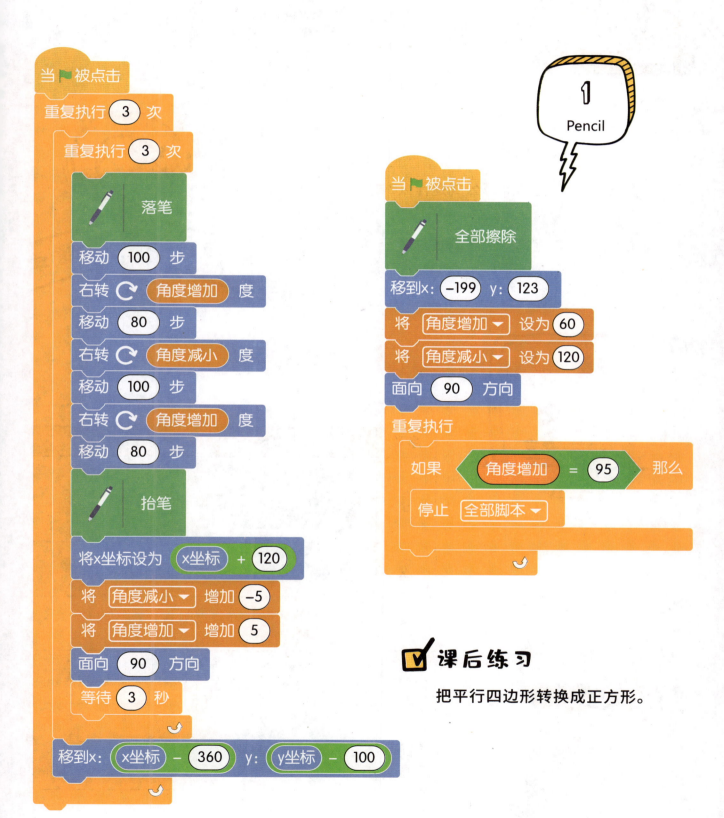

✅ 课后练习

把平行四边形转换成正方形。

02 求长方形的面积

- 长方形的面积计算公式是什么？
- 如何使用画笔指令绘制长方形？

带着 问题学

核心指令

序号	指令图示	说明
1	全部擦除	擦除画笔痕迹
2	右转 15 度	角色向右旋转 15 度
3	我的变量	变量
4	◯ * ◯	符号两边的数值相乘
5	落笔	画笔落笔开始绘画

- ☑ 学会使用变量存储用户回答的数据
- ☑ 学会使用运算模块里面的乘法指令

制作
《求长方形的面积》
项目

☑ 任务说明

理解长方形的长、宽和面积的关系，并设置长度与宽度，完成面积的计算

☑ 任务分析

序号	角色/背景	效果说明
1	Pencil	1. 提问长方形的长和宽是多少 2. 存储回答的数据 3. 根据回答的数据绘制出相对应的长方形 4. 计算长方形的面积并显示到舞台上
2	背景	循环播放音乐

☑ 场景搭建

背景：背景库 >Blue Sky > 双击添加

角色：角色库 >Pencil> 双击添加

素材名	素材图片
Pencil	
Blue Sky （背景）	

☑ 完整场景

✅ 编写程序

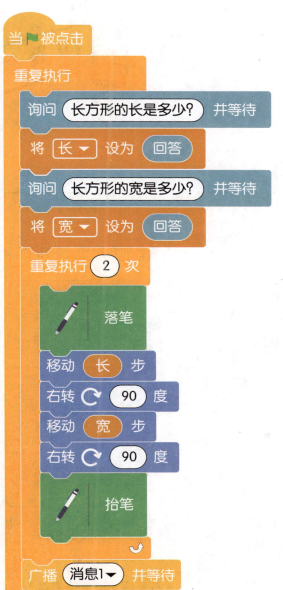

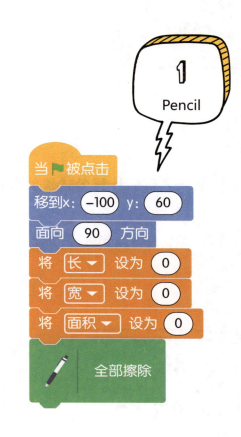

1 Pencil

2 背景

✅ 课后练习

把求解长方形面积的程序更改成求解长方形周长的程序。

03 求长方形的周长

- ☑ 长方形的计算公式是什么？
- ☑ 如何绘制一个长方形？

带着问题学 ?

核心指令

序号	指令图示	说明
1	右转 ↻ 15 度	角色向右旋转一定角度
2	落笔	画笔开始绘画
3	抬笔	抬起画笔
4	我的变量	变量名
5	◯ + ◯	符号两边的数值相加
6	◯ * ◯	符号两边的数值相乘

☑ 长方形计算公式的由来

☑ 学习运动模块里面的旋转指令

制作《长方形的周长》项目

☑ **任务说明**

理解长方形的长、宽与周长的关系,设定长方形的长与宽并求得其周长

☑ **任务分析**

序号	角色/背景	效果说明
1	Wand	输入长方形的长和宽,并绘制出等比例的长方形。计算出长方形的周长,并显示在舞台上

050

☑ 场景搭建

背景：绘制背景

角色：角色库 >Wand> 双击添加

素材名	素材图片
Wand	
背景	

☑ 完整场景

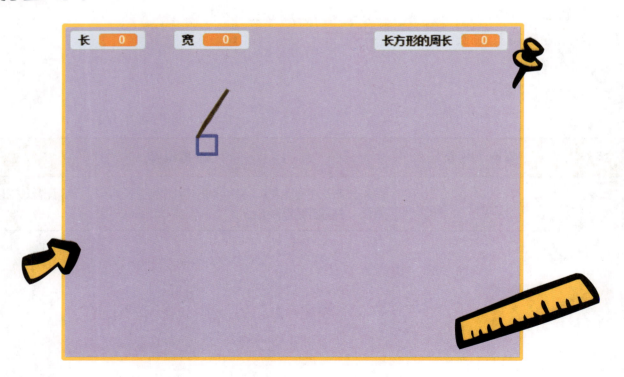

✅ 编写程序

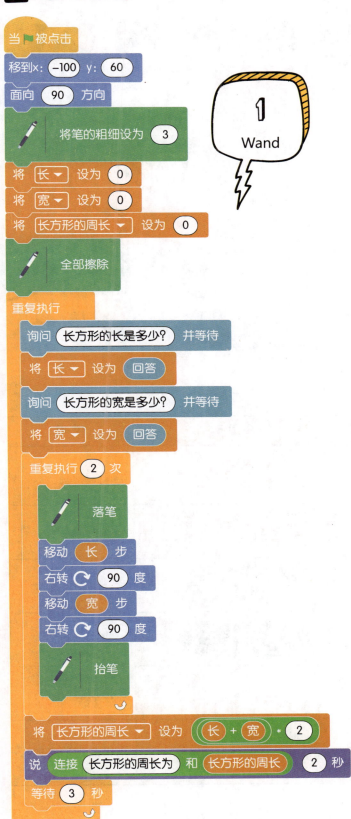

✅ 课后练习

更改程序为计算三角形的周长。

# 04 三角形的判断

☑ 三角形的判定条件是什么？

☑ 如何使用运算去做多项判定？

带着问题学

序号	指令图示	说明
1	我的变量	变量名
2	将 我的变量 设为 0	画笔开始绘画
3	◯ > 50	大于运算
4	⬡ 与 ⬡	逻辑与运算
5	广播 消息1	广播消息
6	当接收到 消息1	当接收到消息时

☑ 三角形的判定条件

☑ 学会使用运算模块里面的逻辑运算做多个条件判断

制作

《三角形的判断》项目

☑ **任务说明**

理解三角形的构成原理、边长之间的关系，实现对预想的三边长是否组成三角形进行判断

☑ **任务分析**

序号	角色/背景	效果说明
1	Monkey	1. 让用户输入三角形的三条边长 2. 判断用户输入的三条边长能否构成三角形，并发出广播
2	Pencil	1. 当接收到"画钩"，就画一个对号 2. 当接收到"画叉"，就画一个叉号

☑ 场景搭建

背景：绘制背景

角色：角色库 >Monkey、Pencil> 双击添加

素材名	素材图片
Monkey	
Pencil	
背景	

☑ 完整场景

编写程序

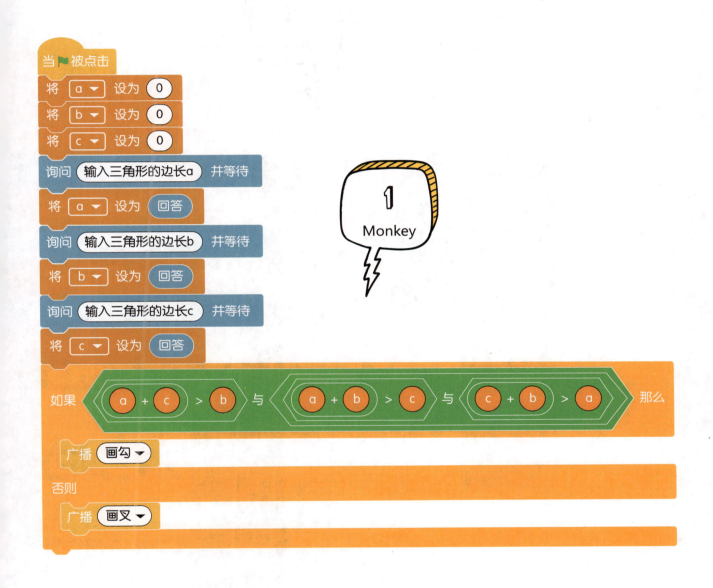

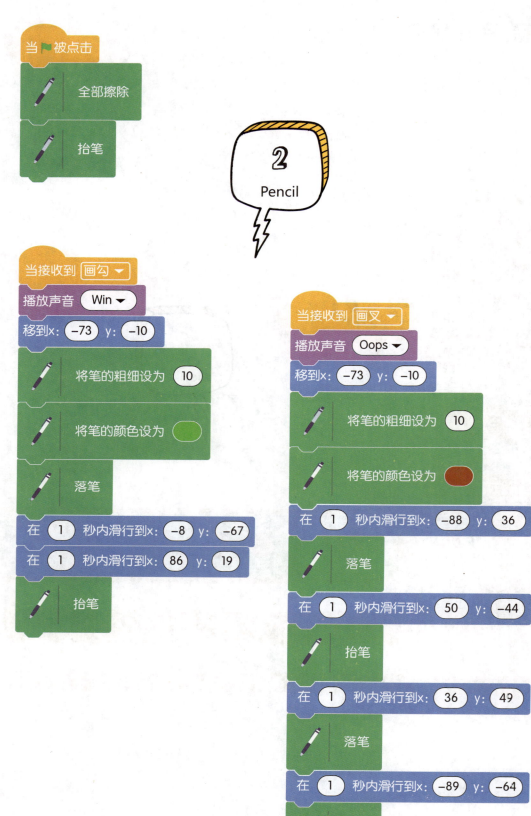

课后练习

根据所学知识编写一个正方形的判断程序。

求三角形的面积

☑ 三角形面积的计算公式是什么？

☑ 如何存储用户输入的三角形的边长？

带着 问题学

序号	指令图示	说明
1	询问 What's your name? 并等待	舞台上显示指令里面的文字，并出现一个输入框
2	回答	用户输入的内容
3	我的变量	变量名
4	将 我的变量 设为 0	给变量赋值
5	○ * ○	符号两边的数值相乘
6	○ / ○	符号两边的数值相除

☑ 三角形的面积计算公式

☑ 使用变量存储多个不同的值

制作
《求三角形的面积》
项目

☑ **任务说明**

理解三角形的面积计算公式,实现输入底、高直接求出三角形面积

☑ **任务分析**

序号	角色/背景	效果说明
1	角色2	1. 输入三角形的底和高 2. 计算三角形的面积,并显示到舞台上
2	背景	重复播放背景音乐

✅ 场景搭建

背景：背景库 > Blue Sky 2 > 双击添加

角色：角色库 > 绘制

素材名	素材图片
角色 2	
Blue Sky 2（背景）	

✅ 完整场景

✅ 编写程序

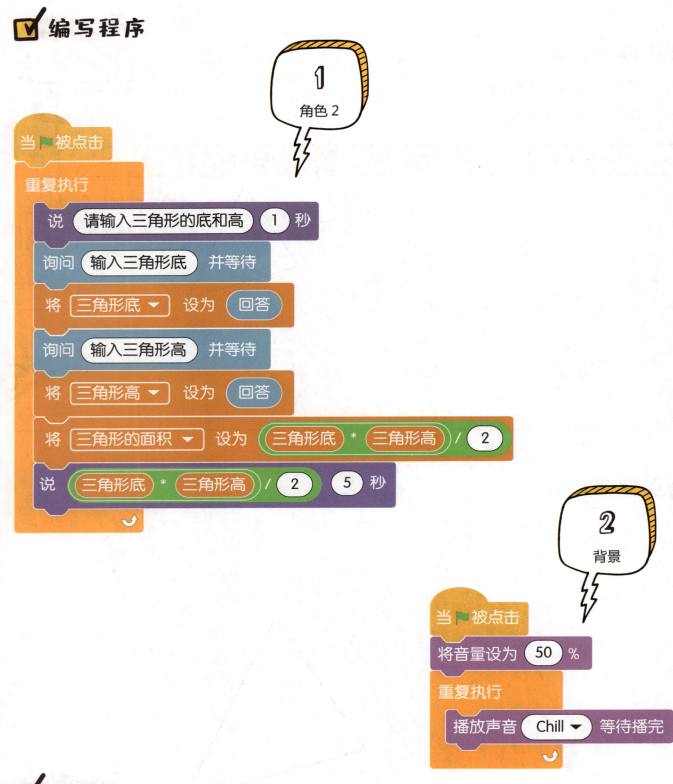

✅ 课后练习

根据所学的知识，编写一个计算长方形面积的程序。

06 求等边三角形的周长

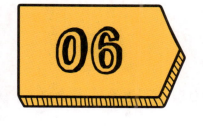

- ✓ 等边三角形的周长计算公式是什么?
- ✓ 如何使用运算里面的指令去计算三角形的周长?

带着问题学

核心指令

序号	指令图示	说明
1	询问 What's your name? 并等待	在舞台上提出一个问题
2	回答	存储用户的输入
3	面向 90 方向	角色面向90度方向
4	将 我的变量 设为 0	给变量赋值
5	( ) * ( )	符号两边的数值相乘
6	抬笔	画笔抬笔
7	全部擦除	把画笔痕迹全部擦除
8	左转 90 度	旋转一定角度

☑ 学会使用变量进行数学计算

☑ 学会使用画笔指令绘制图形

制作《求等边三角形的周长》项目

☑ **任务说明**

实现输入等边三角形的边长,求等边三角形的周长

☑ **任务分析**

序号	角色/背景	效果说明
1	Wand	1. 当用户输入等边三角形的边长之后,开始在舞台上绘制等边三角形 2. 计算等边三角形的周长
2	背景	播放音乐

✅ 场景搭建

背景：背景库 >Xy-grid> 双击添加

角色：角色库 >Wand> 双击添加

素材名	素材图片
Wand	
Xy-grid （背景）	

✅ 完整场景

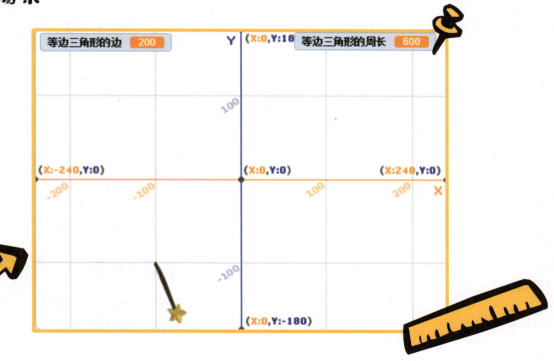

✅ 编写程序

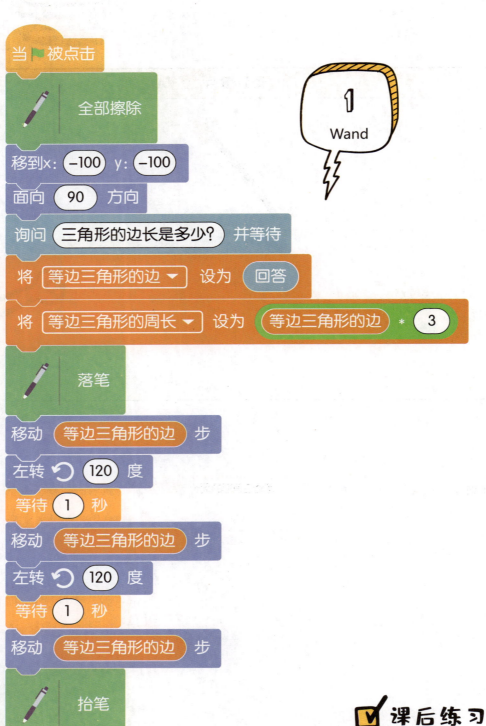

✅ 课后练习

编写一个输入正方形的边长,计算正方形周长的程序。

正方形的平移

☑ 什么是平移？

☑ 如何使用克隆指令进行角色的平移？

序号	指令图示	说明
1	询问 What's your name? 并等待	把指令里面的内容显示到舞台上
2	回答	用户输入的内容
3	克隆 自己▼	克隆角色
4	x坐标 y坐标	角色的实时位置
5	◯ = 50	符号两边的数值相等
6	在 1 秒内滑动到x: -3 y: -9	在设定时间内滑行到设定的舞台坐标位置

065

- ✓ 使用实时坐标做方向平移
- ✓ 学习应用控制模块里面的克隆指令

制作《正方形的平移》项目

✓ 任务说明
理解方向及位移控制移动效果，通过设定方向及位移距离来实现移动结果

✓ 任务分析

序号	角色/背景	效果说明
1	角色2	1. 询问平移方向 2. 根据输入的方向克隆平移角色
2	背景	重复循环播放背景音乐

✅ 场景搭建

背景：背景库 >Xy-grid> 双击添加

角色：绘制角色

素材名	素材图片
角色2	
Xy-grid （背景）	

✅ 完整场景

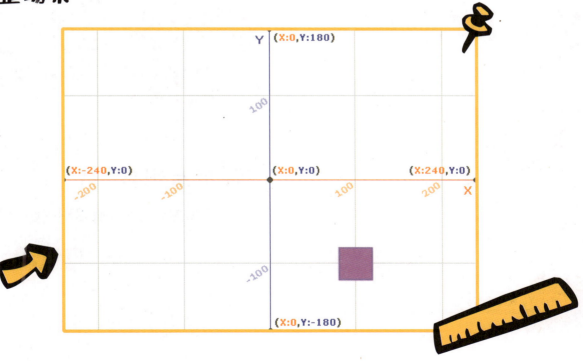

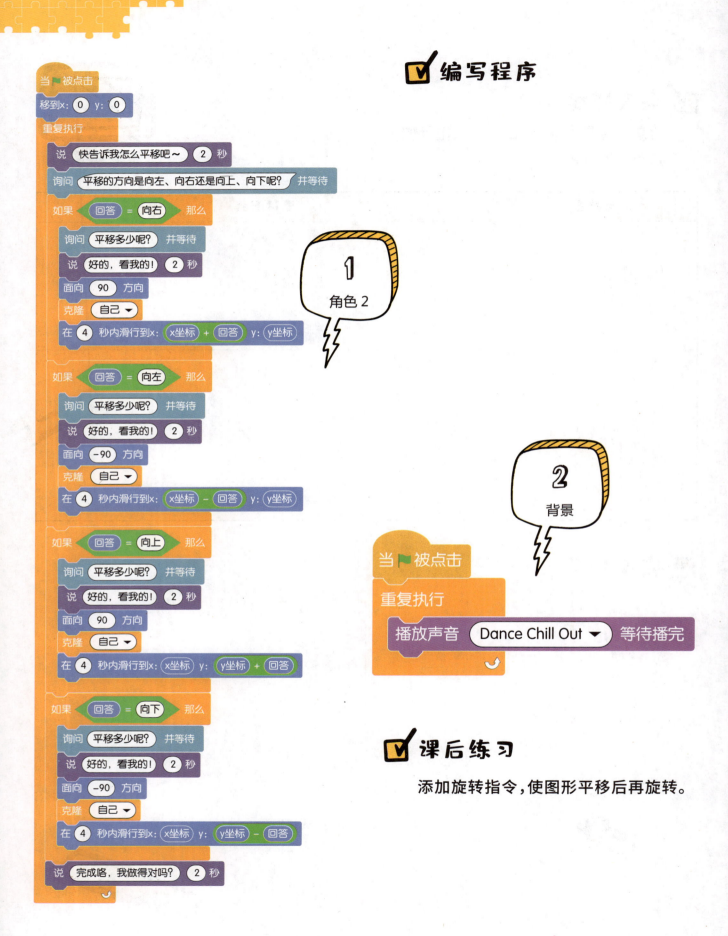

方位捕鱼

☑ 如何使用运算模块指令来判断方位?

序号	指令图示	说明
1	我的变量	变量名
2	将 我的变量 设为 0	给变量赋值
3	询问 What's your name? 并等待	在舞台上显示指令里面的内容并等待回答
4	面向 鼠标指针	面向角色或鼠标指针方向
5	在 1 秒内滑动到 随机位置	在一定时间内滑行到随机位置
6	碰到 舞台边缘 ?	侦测是否碰到舞台边缘
7	广播 消息1	广播消息

- ✓ 使用多个变量存储不同的数值
- ✓ 多个条件判断
- ✓ 随机数的应用

制作 《方位捕鱼》 项目

✓ **任务说明**

对方向有一定的认知，判断出准确的方位实现大鱼捕小鱼的效果

✓ **任务分析**

序号	角色/背景	效果说明
1	Shark	1. 询问鱼所在的位置，判断回答并做出反应 2. 当回答的方向和小鱼的实时位置一样时，鲨鱼向小鱼游动并吃掉小鱼
2	角色1	方位图跟着鲨鱼
3	Fish	1. 显示在舞台上的随机位置 2. 当被鲨鱼碰到时，隐藏起来
4	背景	重复播放音乐

✓ 场景搭建

背景：背景库 >Underwater 2> 双击添加

角色：角色库 >Shark、Fish> 双击添加

素材名	素材图片
Shark	
角色1	
Fish	
背景	

✓ 完整场景

072

☑ 编写程序

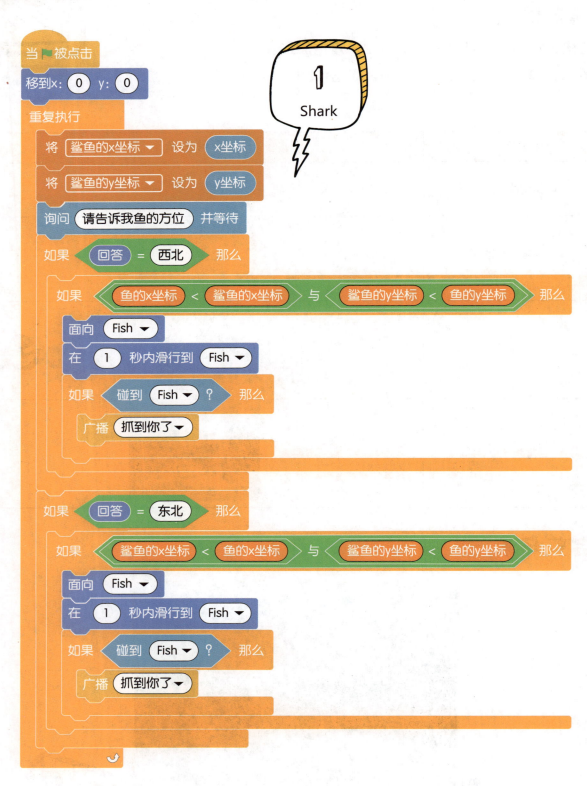

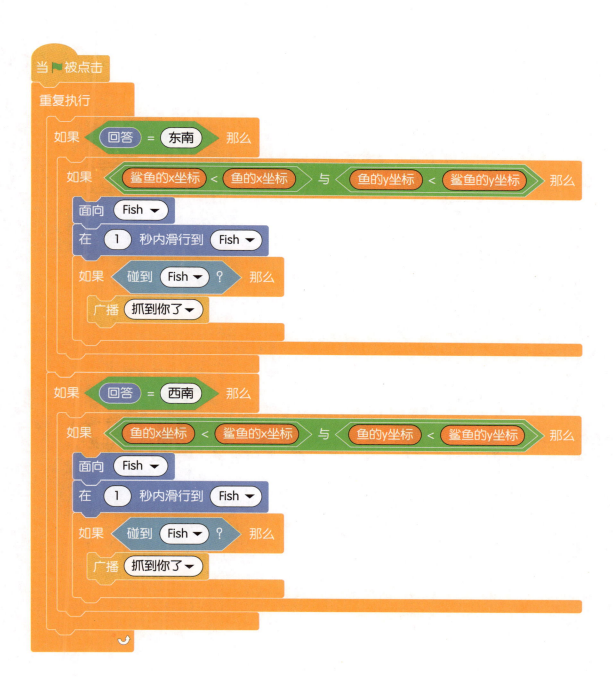

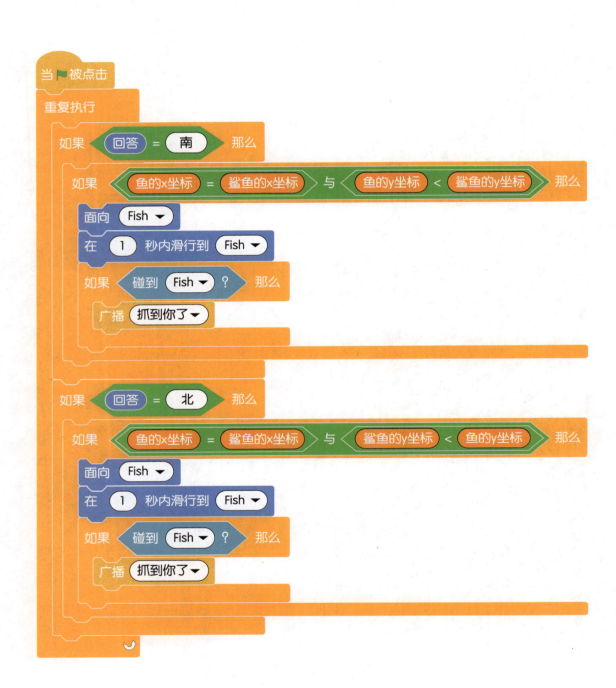

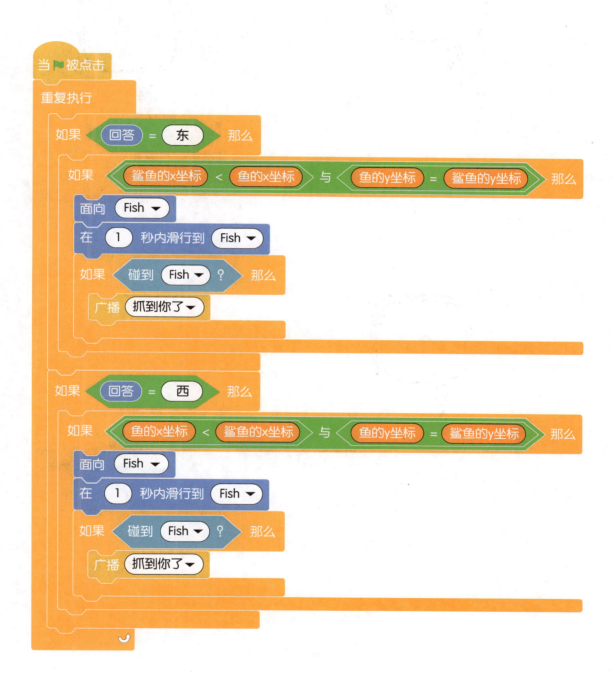

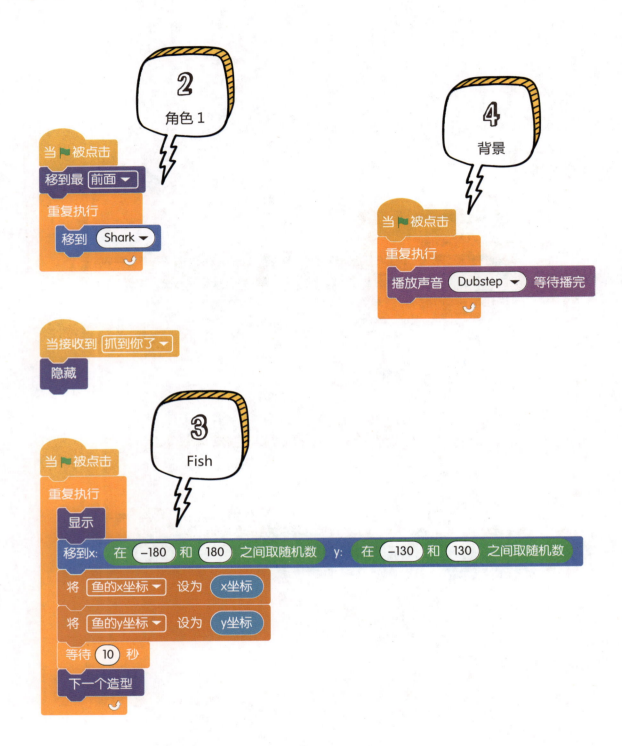

📋 课后练习

把方位捕鱼换成捕各种海洋生物,把询问哪个方位,变成要吃掉哪个海洋生物,鲨鱼就向哪个海洋生物游动。

判断奇偶数

☑ 什么是奇数,什么是偶数?

☑ 如何编写程序判断回答是否正确?

序号	指令图示	说明
1	◯ 除以 ◯ 的余数	求余运算
2	◯ = 50	判断等号两边的数值是否相等
3	询问 What's your name? 并等待	控制角色在舞台上发起一个询问并等待回答
4	回答	存储用户的输入
5	如果 ◆ 那么 否则	条件判断
6	说 你好! 2 秒	在舞台上显示指令里面的内容

☑ 学会使用运算模块里面的指令去解决简单数学问题

☑ 学会判断奇偶数

制作

《判断奇偶数》项目

☑ **任务说明**

判断用户输入的数字是奇数还是偶数

☑ **任务分析**

序号	角色/背景	效果说明
1	Devin	1. 要求用户输入一个数字 2. 判断用户输入的数字是奇数还是偶数 3. 一直重复执行询问

☑ **场景搭建**

背景：背景库 >Chalkboard> 双击添加

角色：角色库 >Devin> 双击添加

✅ 完整场景

✅ 编写程序

✅ 课后练习

角色给出数字，用户来回答，角色再判断用户的回答是否正确。

求余收音机

- 什么是求余运算？
- 如何使用运算模块里的指令求余数？

带着问题学

核心指令

序号	指令图示	说明
1	在 1 和 9 之间取随机数	随机数字
2	我的变量	变量存储数值
3	将 我的变量 增加 1	将变量里面的数值增加 1
4	连接 apple 和 banana	连接两个内容
5	◯ 除以 ◯ 的余数	取余运算

☑ 学会使用随机数控制被除数和除数的取值范围

☑ 学会使用运算模块里面的指令做判断

制作

《求余收音机》项目

☑ **任务说明**

出题求一个数的余数，用户累计答对5题即可开启收音机播放音效

☑ **任务分析**

序号	角色/背景	效果说明
1	Radio	1. 提出询问并判断回答是否正确 2. 被除数的取值范围要比除数的取值范围大 3. 当回答对的次数等于5时，播放音乐

场景搭建

背景：背景库 >Spotlight> 双击添加

角色：角色库 >Radio> 双击添加

素材名	素材图片
Radio	
Spotlight（背景）	

完整场景

✅ 编写程序

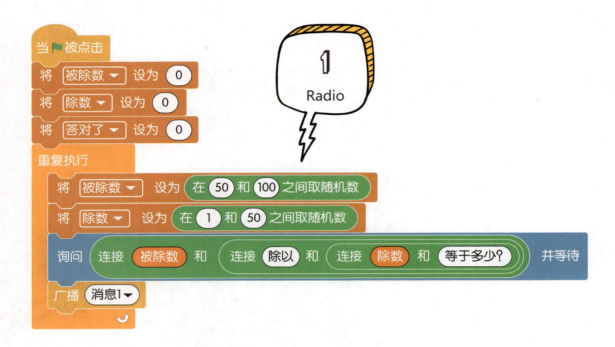

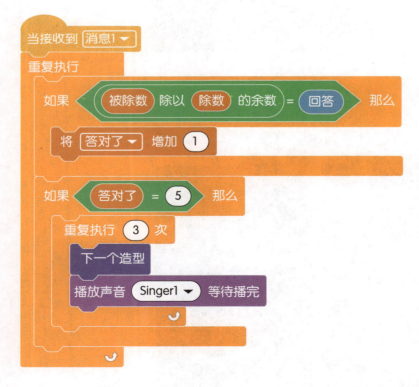

 课后练习

把求余运算更改成求商运算。

倍数抽奖机

- 如何判断一个数是另一个数的倍数?
- 如何使用运算模块里的不成立指令做条件判断?

序号	指令图示	说明
1	在 1 和 9 之间取随机数	随机数字
2	我的变量	变量存储数值
3	将 我的变量 增加 1	将变量里面的数值增加1
4	连接 apple 和 banana	连接两个内容
5	○ 除以 ○ 的余数	求余运算
6	列表 的第 1 项	列表的第几项
7	广播 消息1	广播消息

☑ 学会使用造型编号来控制数字的显示

☑ 学会使用运算模块里面的指令做倍数的判断

制作

《倍数抽奖机》项目

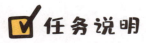 任务说明

实现判断屏幕中出现的数字是否是 2/3/5 的倍数

☑ 任务分析

序号	角色/背景	效果说明
1	Glow-5	随机显示数字
2	Glow-6	随机显示数字
3	Abby	会对显示的数字提问是否是随机数 2/3/5 的倍数
4	Block-Y	对问题进行判断，如果是，就点击本角色
5	Block-N	对问题进行判断，如果不是，就点击本角色

☑ 场景搭建

背景：背景库 >Chalkboardt> 双击添加

角色：角色库 >Glow-5、Glow-6、Abby、Block-Y、Block-N> 双击添加

素材名	素材图片	素材名	素材图片
Glow-5		Block-Y	
Glow-6		Block-N	
Abby		背景	

☑ 完整场景

☑ 编写程序

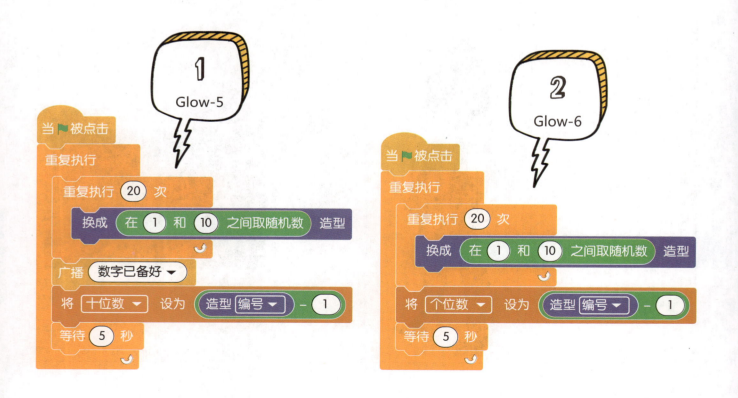

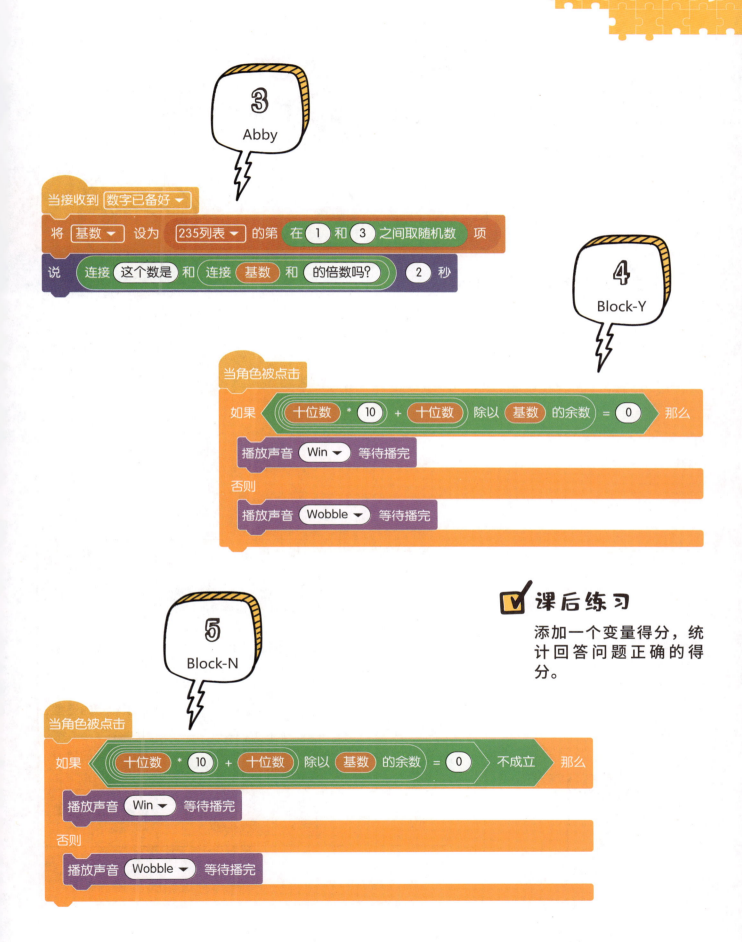

闪电记忆求平均数

- ☑ 造型编号的作用是什么？
- ☑ 如何使用运算模块里的与运算做多重条件判断？

序号	指令图示	说明
1	将 1 和 9 之间取随机数	随机数字
2	○ / ○	符号两边的数值相除
3	换成 造型1 造型	切换特定的造型
4	○ = 50	符号两边的数值相等
5	将大小增加 10	将角色大小增加10

☑ 学会使用外观里面的指令做角色的特效变化

☑ 学会使用运算模块里面的指令求平均数

制作
《闪电记忆求平均数》
项目

☑ 任务说明

实现对随机出现的数字进行求和后，快速求出平均值

☑ 任务分析

序号	角色/背景	效果说明
1	Glow-1	1. 数字随机出现 2. 询问出现的全部数字的平均数，并判断回答是否正确。要是正确，就播放音乐，说"恭喜你，答对了！"。否则，就播放音乐，说"啊噢~答错了~"

✅ 场景搭建

背景：背景库 >Stars> 双击添加

角色：角色库 >Glow-1> 双击添加

素材名	素材图片
Glow-1	1
Stars（背景）	

✅ 完整场景

✅ 编写程序

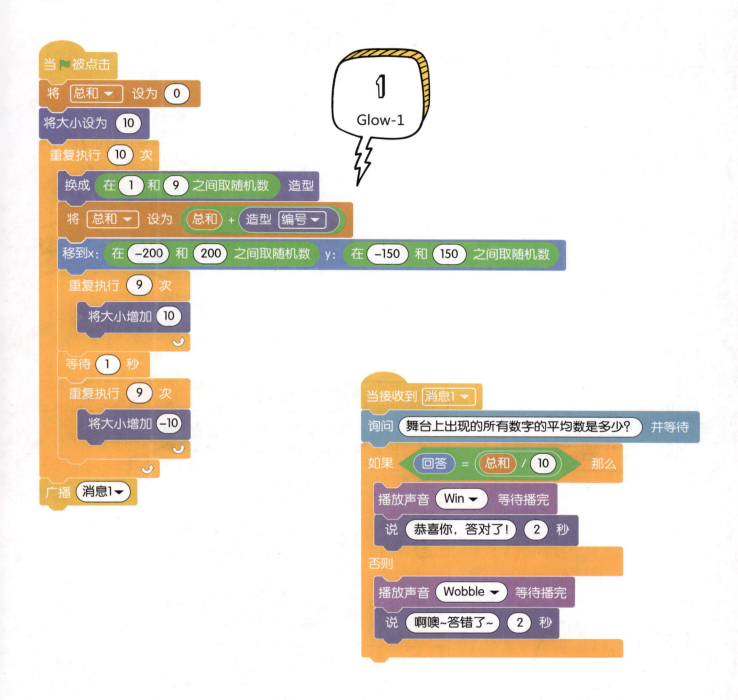

✅ 课后练习

随机数字出现在舞台上,随机出现 4 次,做综合运算,第一个数乘以第二个数减去第三个数再加上第四个数,求最终结果。

 # 数字猜谜

☑ 猜数字的最快的秘诀是什么？

☑ 如何判断猜的数字是正确的？

带着问题学

序号	指令图示	说明
1	在 1 和 9 之间取随机数	随机数字
2	我的变量	变量名
3	将 我的变量 设为 0	给变量赋值
4	⬡ > 50	符号左边的数值大于符号右边的数值
5	将 我的变量 增加 1	将变量数值增加1
6	询问 What's your name? 并等待	询问问题，并等待

☑ 中位数的应用

☑ 使用判断指令做多重判断

制作

《数字猜谜》项目

☑ **任务说明**

运用基础数字逻辑能力，对输入的数字实现不断比较大小及缩小范围，从而得到最终答案

☑ **任务分析**

序号	角色/背景	效果说明
1	Reindeer	1. 筛选出随机数字，然后询问数字是多少 2. 判断回答是否正确，如果回答正确，就说一共猜了多少次
2	Theater	重复播放背景音乐

096

✅ 场景搭建

背景：背景库 >Theater> 双击添加

角色：角色库 >Reindeer> 双击添加

素材名	素材图片
Reindeer	
Theater（背景）	

✅ 完整场景

✓ 编写程序

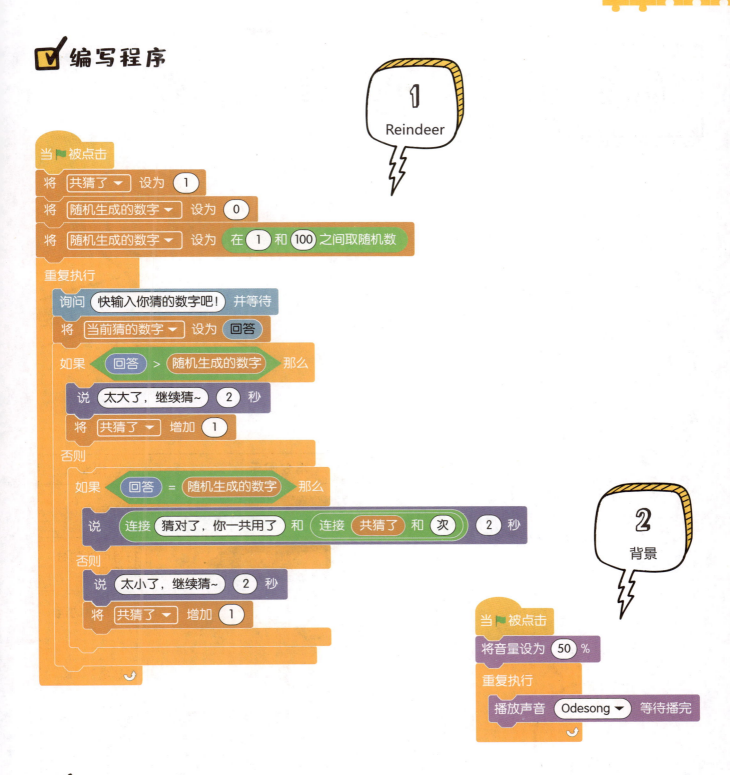

✓ 课后练习

使用列表,编写一个随机猜数字的程序。

质数食物车

带着问题学

- ✓ 什么是质数？
- ✓ 如何使用变量做重复执行？

核心指令

序号	指令图示	说明
1	◯ 除以 ◯ 的余数	求余运算
2	◯ = 50	符号两边的数值相等
3	停止 该角色的其他脚本 ▼	停止程序的运行
4	我的变量	变量名
5	将 我的变量 ▼ 增加 1	将变量的数值增加1
6	询问 What's your name? 并等待	询问问题，并等待

- ✓ 质数的判定
- ✓ 运算模块里面指令的使用

制作

《质数食物车》项目

✓ 任务说明

出题判断一个数是否是质数,如果是质数,小车就开动;如果不是,就停止运行程序

✓ 任务分析

序号	角色/背景	效果说明
1	Food Truck	1. 输入非0的自然数,并判断其是否是质数 2. 如果是质数,汽车就启动;如果不是质数,汽车就不会启动

☑ 场景搭建

背景：背景库 >Colorful City> 双击添加
角色：角色库 >Food Truck> 双击添加
　　　角色库 > 绘制

素材名	素材图片
Food Truck	
Colorful City（背景）	

☑ 完整场景

✅ 编写程序

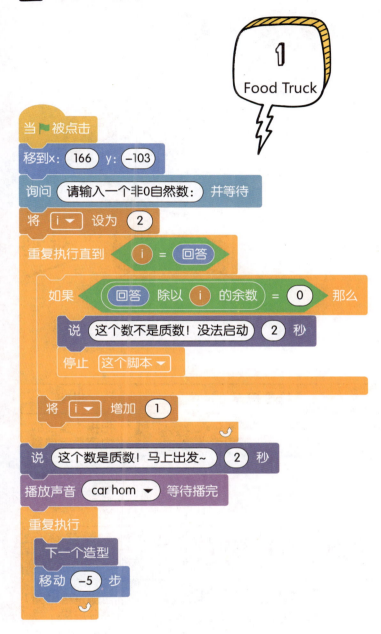

✅ 课后练习

根据所学的知识编写一个判断合数的程序。

07 两车相遇

☑ 如何设定两车的速度？

☑ 如何计算两车运动的距离？

带着问题学

序号	指令图示	说明
1	询问 What's your name? 并等待	把指令里面的内容显示到舞台上
2	回答	用户输入的内容
3	将 我的变量 设为 0	给变量赋值
4	碰到 舞台边缘 ?	侦测是否碰到舞台边缘
5	◯ - ◯	符号两边的数值相减
6	广播 消息1	广播消息

☑ 两车相遇，各个车辆行驶的距离

☑ 学习应用控制模块里面的停止脚本指令

制作《两车相遇》项目

☑ **任务说明**

通过设定两车的行驶速度，两车同时出发，计算当两车相遇时两车的行驶路程

☑ **任务分析**

序号	角色/背景	效果说明
1	Motorcycle	设定角色的移动速度，当摩托车和货车相遇，说出移动距离，然后停止全部脚本
2	Truck	设定角色的移动速度，当卡车和货车相遇，说出移动距离，然后停止全部脚本
3	角色1	点击角色，开始广播指令

104

☑ 场景搭建

背景：背景库 >Night City With Street> 双击添加

角色：角色库 >Motorcycle、Truck> 双击添加

素材名	素材图片
Motorcycle	
Truck	
角色1	开始
Night City With Street（背景）	

✅ 完整场景

✅ 编写程序

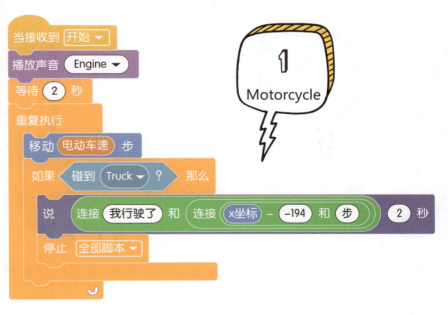

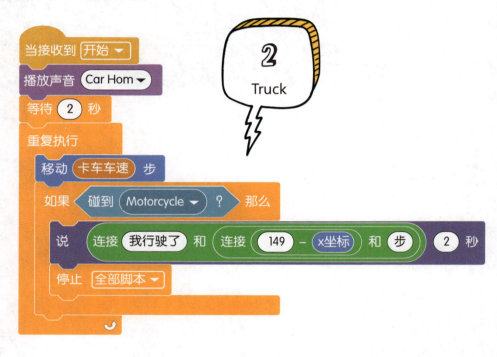

☑ 课后练习

让两车在同一起始线上同时出发，看哪辆车最快到达终点。

08 生肖计算器

☑ 怎么根据年份计算生肖属相？

☑ 如何准确指向属相？

带着问题学

序号	指令图示	说明
1	面向 90 方向	角色朝向方向
2	我的变量	变量名
3	将 我的变量 设为 0	给变量赋值
4	◯ 除以 ◯ 的余数	求余运算
5	◯ = 50	符号两边的数值相等
6	询问 What's your name? 并等待	将指令里面的文字显示到舞台上

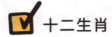 十二生肖

☑ 学习应用运动模块里面的面向指令

制作《生肖计算器》项目

☑ **任务说明**

实现十二生肖正确排序，输入年份匹配到正确的生肖

☑ **任务分析**

序号	角色/背景	效果说明
1	角色1	输入出生年份，然后判断年份所属的生肖。角色指向生肖
2	背景	循环播放背景音乐

☑ 场景搭建

背景：绘制背景
角色：绘制角色

素材名	素材图片
角色1	
背景	

☑ 完整场景

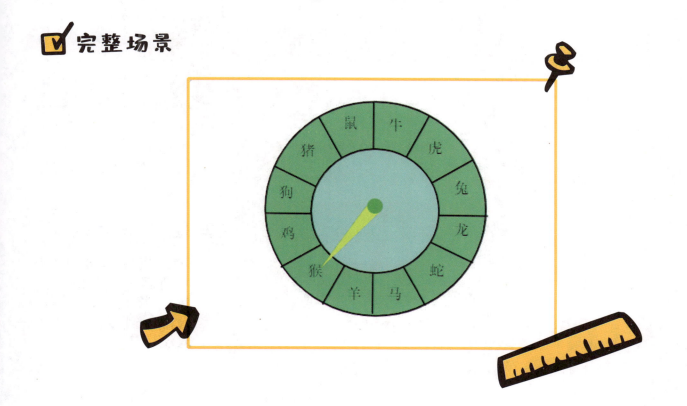

✅ 编写程序

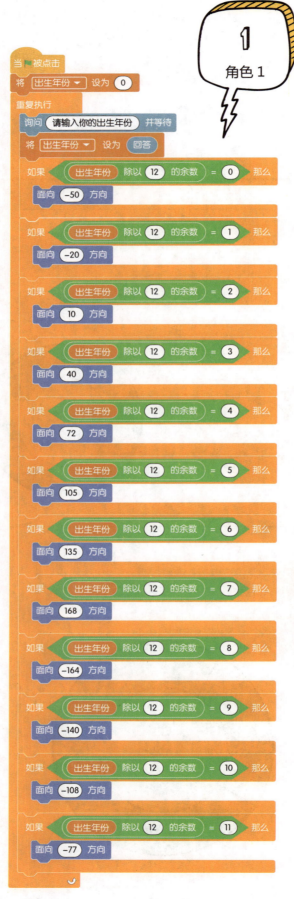

✅ 课后练习

输入出生年份，来判断这个年龄的人，属于老年人、中年人、青年人、少年人还是儿童。

01 挑战公里数

带着问题学

- ☑ 如何使用列表存储公里数？
- ☑ 如何判断回答是否准确？

核心指令

序号	指令图示	说明
1	列表▼ 的第 1 项	列表里面的第几项
2	克隆 自己▼	克隆角色
3	造型 编号▼	角色造型的编号
4	将大小增加 10	将角色大小增加 10
5	x坐标 y坐标	角色实时的坐标
6	删除此克隆体	删除克隆体
7	◯ = 50	等号两边的数值相等

- ☑ 学会使用列表模块里面的指令
- ☑ 学会使用克隆指令完成想要的效果

制作

《挑战公里数》项目

☑ **任务说明**
将汽车行驶距离的单位由千米换算成米

☑ **任务分析**

序号	角色/背景	效果说明
1	汽车	按上、下、左、右键移动汽车
2	Tree1	1. 从上往下运动，碰到舞台下边缘就消失 2. 运动的时候体积变大
3	Tree2	1. 从上往下运动，碰到舞台下边缘就消失 2. 运动的时候体积变大
4	公里数	1. 提问公里数变成米是多少 2. 判断回答是否正确 3. 公里数随机变换
5	公路	从下向上移动平铺舞台

☑ 场景搭建

背景：绘制背景

角色：上传角色素材

素材名	素材图片	素材名	素材图片
汽车		公里数	
Tree1		公路	
Tree2		背景	

✅ 完整场景

✅ 编写程序

1 汽车

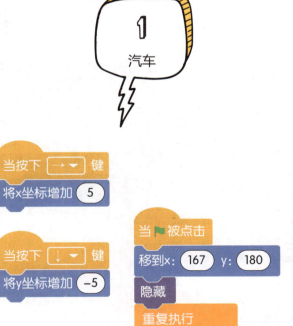

2 Tree1

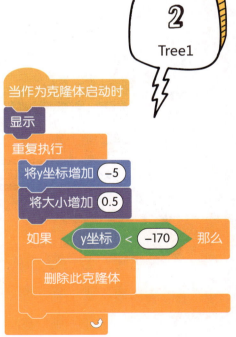

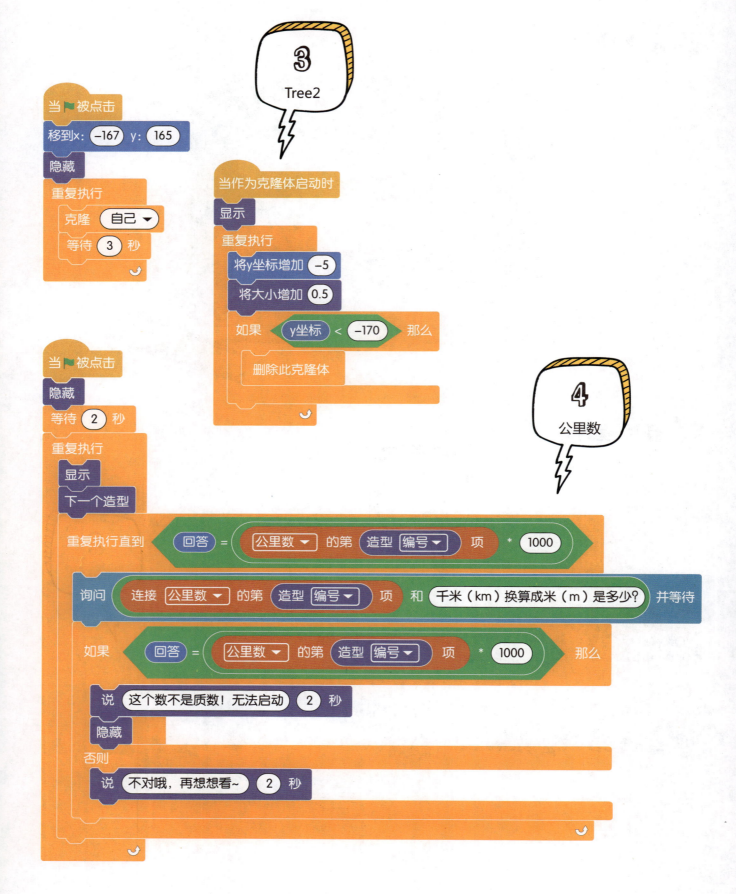

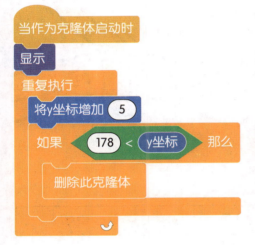

课后练习
把公里数换成立方米，把它换算成立方分米，并判断回答是否正确。

02 角度解说机

- 如何判断一个角是锐角、直角、平角还是钝角？
- 角色每次旋转多少度合适？

带着问题学

核心指令

序号	指令图示	说明
1	左转 90 度	角色旋转一定的角度
2	我的变量	变量存储数值
3	将 我的变量 增加 1	将变量里面的数值增加1
4	◯ * ◯	符号两边的数值相乘
5	播放声音 Dubstep	播放声音
6	◯ < 50	符号左边的数值小于右边的数值
7	面向 90 方向	角色面向的方向

☑ 学会使用变量来控制旋转角度

☑ 学会使用运算模块里面的指令做判断

制作 《角度解说机》项目

☑ **任务说明**

实现逆时针旋转线段并判定两条直线的夹角是锐角、直角、钝角或平角

☑ **任务分析**

序号	角色/背景	效果说明
1	Line	装饰舞台效果
2	Line2	1. 一直在旋转 2. 判断两条直线的夹角是什么角
3	背景	播放音乐

☑ 场景搭建

背景：背景库 >Light> 双击添加

角色：角色库 >Line、Line2> 双击添加

素材名	素材图片
Line	
Line2	
Light （背景）	

☑ 完整场景

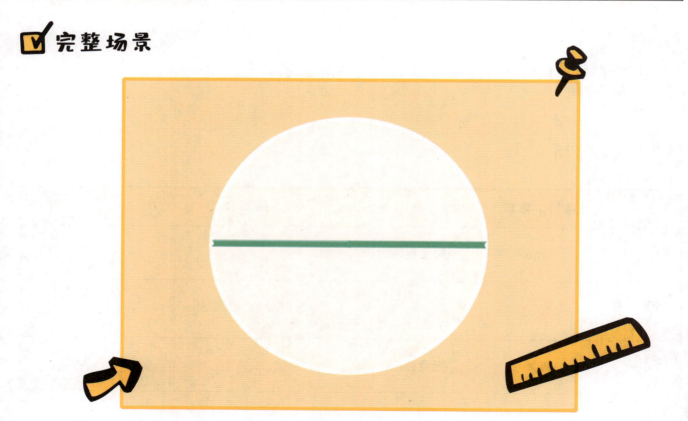

✅ 编写程序

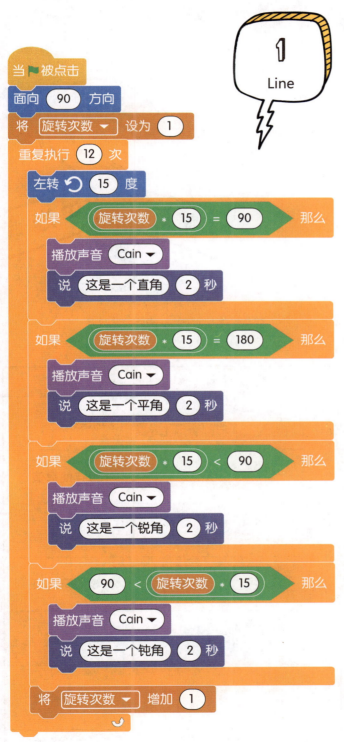

✅ 课后练习

把圆的一周标上表示时间的数字,线段每旋转一次,舞台上的时间更改成对应时间。

 # 判断概率事件

- 如何判断事件的概率问题？
- 如何把事件随机显示？

序号	指令图示	说明
1	在 1 和 9 之间取随机数	随机数字
2	我的变量	变量存储数值
3	将 我的变量 设为 0	给变量赋值
4	列表 的第 1 项	列表的第几项
5	⬡ 与 ⬡	逻辑与运算
6	当角色被点击	当角色被点击
7	○ < 50	符号左边的数值小于符号右边的数值

☑ 学会使用列表并显示列表里面的内容

☑ 学会使用运算模块里面的逻辑判断事件的概率

制作《判断概率事件》项目

☑ **任务说明**

实现显示不同生活事件，由用户判断该事件为哪种类型的概率事件，并发出不同的音效

☑ **任务分析**

序号	角色/背景	效果说明
1	Dani	1. 随机显示列表里面的事件 2. 时间间隔 5 秒开始显示新的事件
2	角色1：可能	当显示的事件是列表里面 1~3 之间的事件，点击角色，就播放成功音乐，否则就播放失败音乐
3	角色2：不可能	当显示的事件是列表里面的第 4 个事件，点击角色，就播放成功音乐，否则就播放失败音乐
4	角色3：一定	当显示的事件是列表里面 5~7 之间的事件，点击角色，就播放成功音乐，否则就播放失败音乐

✅ 场景搭建

背景：绘制背景
角色：角色库 >Dani> 双击添加
　　　绘制角色 1、角色 2、角色 3

素材名	素材图片	素材名	素材图片
Dani		角色 2	不可能
角色 1	可能	角色 3	一定

素材名	素材图片
背景	

✅ 完整场景

✅ 编写程序

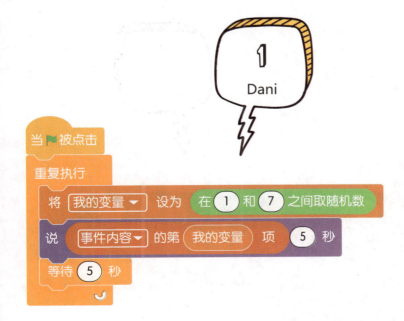

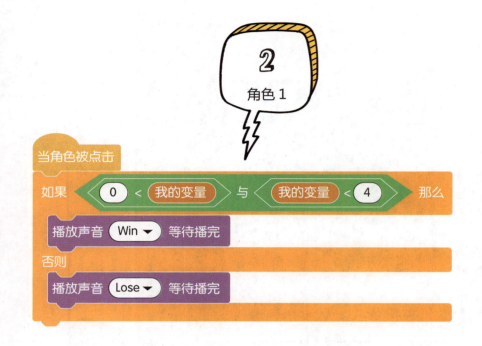

课后练习

增加一个变量,存储正确回答问题的数量。

04 水果起重机

- 100 克为几两？
- 半斤为多少克？
- 八两为多少千克？

带着问题学

序号	指令图示	说明
1	显示	显示角色外观
2	隐藏	隐藏角色外观
3	左转 1 度	控制角色左转1度
4	y坐标 = ( )	使y坐标符合某种关系
5	当接收到 水果到位	广播消息：水果到位
6	移到x: ( ) y: ( )	控制角色移动到指定位置
7	将y坐标增加 ( )	改变y坐标的大小

- ☑ 水果起重机的项目的难点在于平衡木、水果和重量三个角色间动作的协调性

- ☑ 可以使用两个广播消息进行角色间的交互

制作

《水果起重机》项目

☑ **任务说明**

水果和重量角色从上往下自由下落,每20秒切换一次造型;平衡木根据掉落情况做适当倾斜

☑ **任务分析**

序号	角色/背景	效果说明
1	平衡木	1. 受两边物品重量的影响 2. 接收广播消息
2	Apple	1. 缓缓落在平衡木上 2. 接收广播消息 3. 切换下一个造型
3	角色1	1. 缓缓落在平衡木上,并显示左边物品的重量 2. 接收广播消息
4	背景1	添加背景,使程序更生动

✅ 场景搭建

背景：绘制背景

角色：角色库 >Apple、Bananas、Jar-a、Muffin-a、Strawberry-a> 双击添加

素材名	素材图片	素材名	素材图片
平衡木		Jar-a	
Apple		Muffin-a	
Bananas		Strawberry-a	
角色1	500g	背景1	

☑ 完整场景

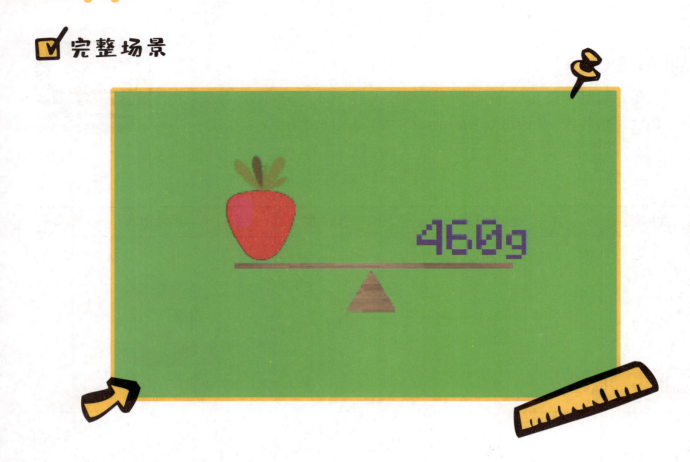

☑ 编写程序

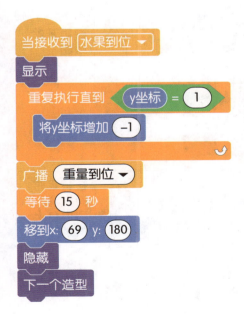
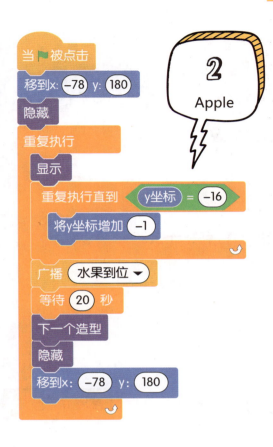

课后练习

可以先让公斤数出现，然后再出现对应的水果。

线段摩托车

- ☑ 线段的特点是什么？
- ☑ 如何绘制等比例线段？

序号	指令图示	说明
1	全部擦除	擦除画笔痕迹
2	落笔	画笔开始绘画
3	抬笔	抬起画笔
4	在 1 秒内滑动到x: -3 y: -9	在特定时间内滑行到舞台上的某一位置
5	◯ + ◯	符号两边的数值相加
6	将笔的颜色增加 10	将画笔的颜色增加一定数值更改画笔的颜色

- 绘制 4 条等比例的线段
- 学习画笔模块里面颜色变化的指令

制作《线段摩托车》项目

✓ 任务说明
摩托车沿直线行驶并绘制线段，了解线段的绘制要点

✓ 任务分析

序号	角色/背景	效果说明
1	Motorcycle	摩托车向前移动，并绘制线条。绘制出 4 条颜色不同的线段，一条比一条长

场景搭建

背景：绘制背景

角色：角色库 >Motorcycle> 双击添加

素材名	素材图片
Motorcycle	
背景	线段摩托车

完整场景

✅ 编写程序

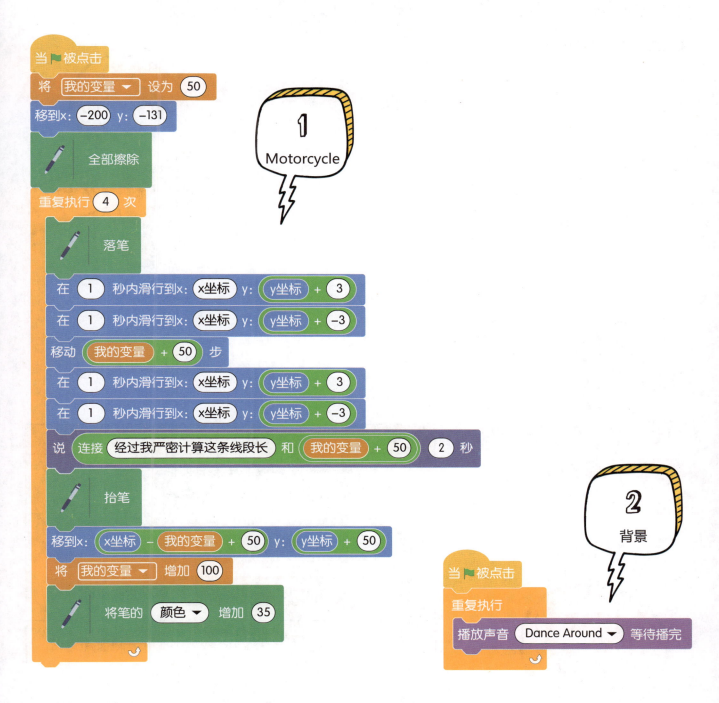

✅ 课后练习

更改程序使 4 条线段的粗细都不同。

同分母加法出题器

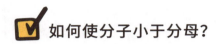
如何使分子小于分母？

什么是同分母加法？

带着问题学

核心指令

序号	指令图示	说明
1	在 1 和 9 之间取随机数	随机数字
2	我的变量	变量名
3	将 我的变量 设为 0	变量赋值
4	广播 消息1	广播消息
5	当接收到 消息1	当接收到消息时
6	造型 编号	角色造型的编号

- ☑ 同分母加法运算
- ☑ 学习控制模块里面的广播指令

制作
《同分母加法出题器》
项目

☑ **任务说明**

对分数分子与分母的理解，实现同分母不同分子的分数的相加

☑ **任务分析**

序号	角色/背景	效果说明
1	Glow-0	当接收到广播，开始变化数字
2	Glow-2	当接收到广播，开始变化数字
3	Glow-3	当接收到广播，开始变化数字
4	Glow-4	当接收到广播，开始变化数字
5	背景	1. 当程序运行，开始广播。设置分母的数字 2. 重复播放音乐

✅ 场景搭建

背景：背景库 >Light> 双击添加

角色：角色库 >Glow-0、Glow-2、Glow-3、Glow-4> 双击添加

素材名	素材图片	素材名	素材图片
Glow-0	1	Glow-3	5
Glow-2	8	Glow-4	4

素材名	素材图片
Light（背景）	一 + 一 = ?

✅ 完整场景

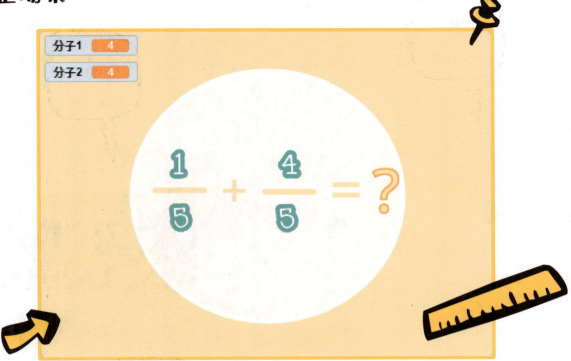

✅ 编写程序

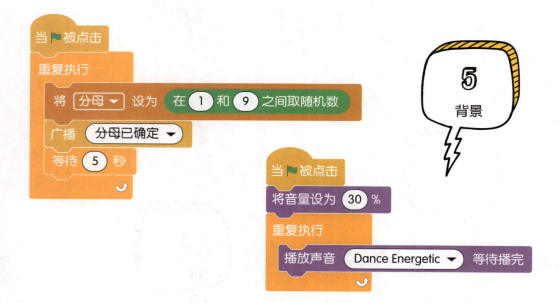

📝 课后练习

根据所学知识编写一个同分子不同分母的出题器。

 # 数字电子时钟

- 时、分、秒怎么换算?
- 时间如何实时显示?

带着问题学

序号	指令图示	说明
1	当前时间的 年	侦测实时时间
2	向下取整 ○	如果指令里面的数值是小数点,就取整数部分的数值
3	○ 除以 ○ 的余数	求余运算
4	○ / ○	符号两边的数值相除
5	○ + ○	符号两边的数值相加
6	我的变量	变量名

☑ 时、分、秒的换算

☑ 学习侦测模块里面实时时间的指令

制作《数字电子时钟》项目

☑ 任务说明

理解电子时钟的时、分、秒，实现与本地时间一致的电子时钟效果

☑ 任务分析

序号	角色/背景	效果说明	序号	角色/背景	效果说明
1	Glow-0	显示24时的十位数	5	Glow-5	显示秒的十位数
2	Glow-2	显示24时的个位数	6	Glow-6	显示秒的个位数
3	Glow-3	显示分钟的十位数	7	背景	重复播放音乐
4	Glow-4	显示分钟的个位数			

✅ 场景搭建

背景：绘制背景

角色：角色库 >Glow-0、Glow-2、Glow-3、Glow-4、Glow-5、Glow-6> 双击添加

素材名	素材图片	素材名	素材图片
Glow-0	1	Glow-4	8
Glow-2	4	Glow-5	1
Glow-3	1	Glow-6	4

素材名	素材图片
背景	

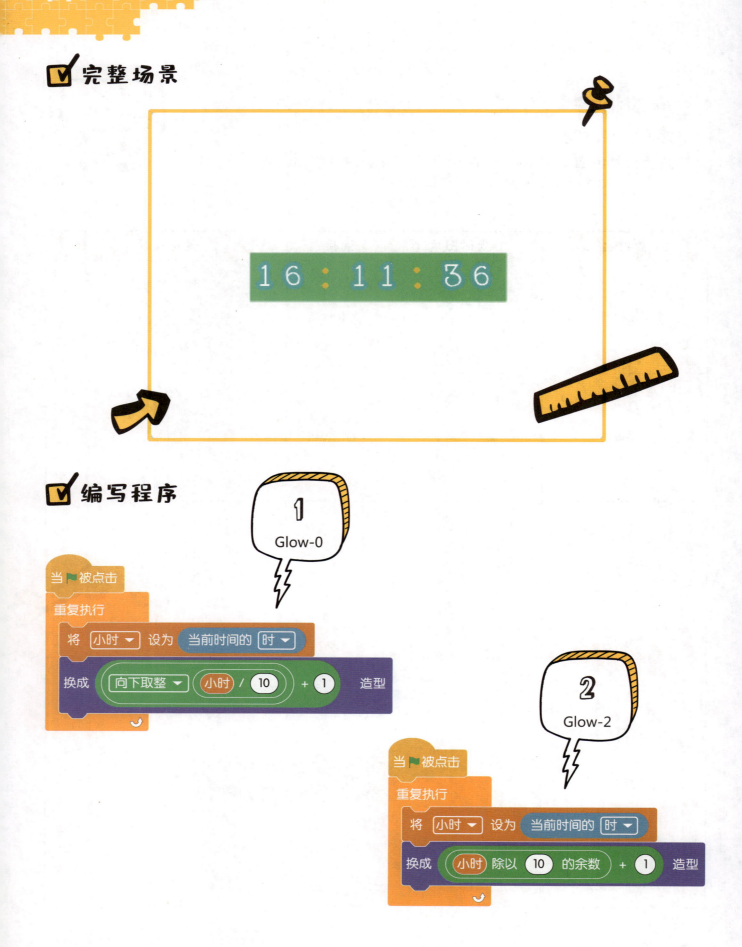

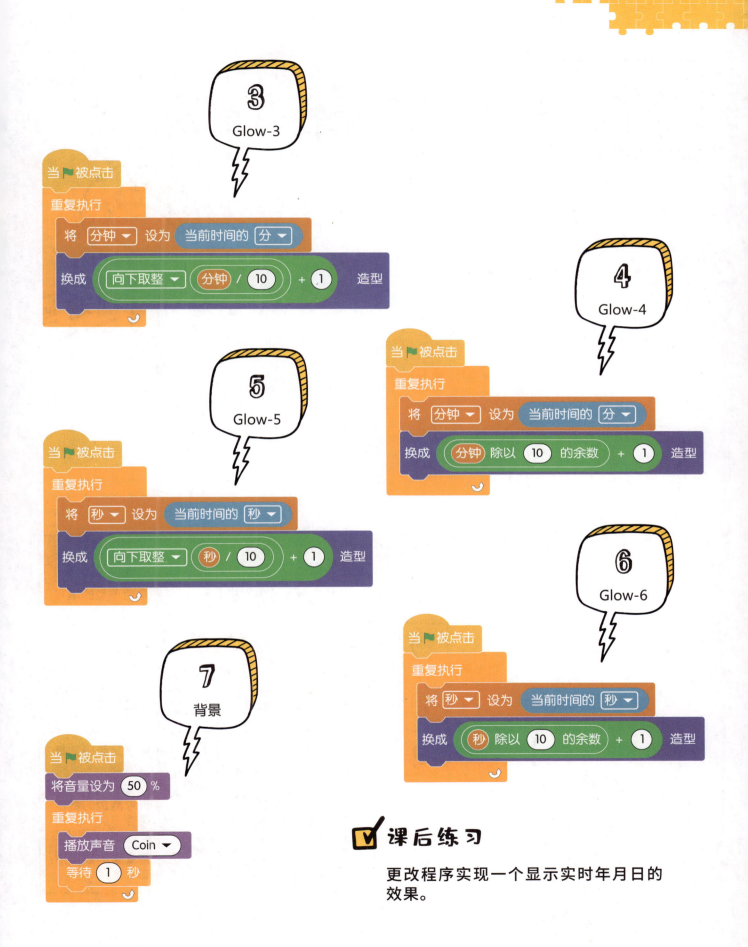

08 智能车流量统计

- 如何进行多项数据的统计？
- 如何随机更改角色的造型？

带着问题学

核心指令

序号	指令图示	说明
1	造型 编号▼	角色造型的编号
2	我的变量	变量名
3	将 我的变量▼ 设为 0	变量赋值
4	碰到 舞台边缘▼ ？	侦测是否碰到舞台边缘
5	◯ = 50	符号两边的数值相等
6	将 我的变量▼ 增加 1	将变量的数值增加1

- 统计表的应用
- 学习应用变量模块里面的指令

制作《智能车流量统计》项目

☑ 任务说明

在理解分类统计相关知识的基础上，实现车流量的分类统计

☑ 任务分析

序号	角色/背景	效果说明
1	Convertible 2	随机更改角色造型，角色从左向右移动，碰到舞台边缘，就消失。根据车辆的分类，统计过往车辆的种类
2	背景	循环播放背景音乐

☑ 场景搭建

背景：背景库 >Colorful City> 双击添加

角色：角色库 >Convertible 2> 双击添加

素材名	素材图片
Convertible 2	
Colorful City（背景）	

☑ 完整场景

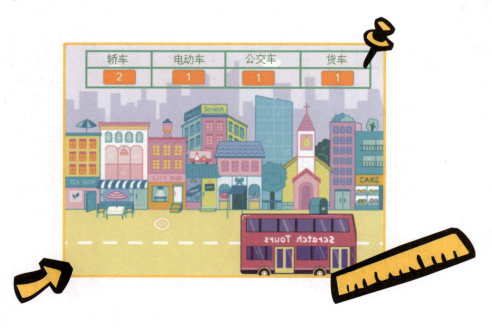

✅ 编写程序

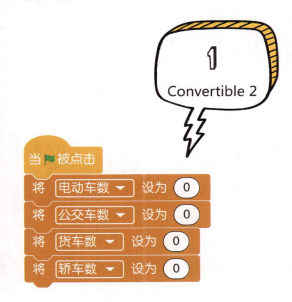

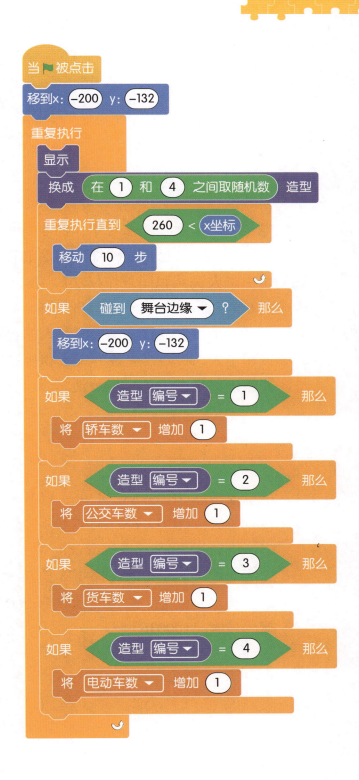

✅ 课后练习

添加一个角色，根据统计表里面的数据判断时间是白天还是晚上。

反侵权盗版声明

电子工业出版社依法对本作品享有专有出版权。任何未经权利人书面许可，复制、销售或通过信息网络传播本作品的行为；歪曲、篡改、剽窃本作品的行为，均违反《中华人民共和国著作权法》，其行为人应承担相应的民事责任和行政责任，构成犯罪的，将被依法追究刑事责任。

为了维护市场秩序，保护权利人的合法权益，我社将依法查处和打击侵权盗版的单位和个人。欢迎社会各界人士积极举报侵权盗版行为，本社将奖励举报有功人员，并保证举报人的信息不被泄露。

举报电话：（010）88254396；（010）88258888
传　　真：（010）88254397
E-mail：dbqq@phei.com.cn
通信地址：北京市万寿路173信箱
　　　　　电子工业出版社总编办公室
邮　　编：100036